U0729717

目录
CONTENTS

第一章 只有奋斗的人生才称得上幸福的人生

第二章 没有经历艰辛就不是真正的奋斗

第三章 人生的每一次努力都是幸运的伏笔

第四章 走过曲折才能与你渴望的人生相遇

幸福是奋斗出来的

用奋斗的英姿 绽放新时代的芳华

于盛 | 编著

加油！奋斗路上的你

弘扬新时代的奋斗精神

中华工商联合出版社

图书在版编目（CIP）数据

幸福是奋斗出来的 / 于盛编著. -- 北京 : 中华工商联合出版社, 2018.6

ISBN 978-7-5158-2273-0

Ⅰ. ①幸… Ⅱ. ①于… Ⅲ. ①幸福－通俗读物 Ⅳ. ①B82-49

中国版本图书馆CIP数据核字(2018)第076603号

幸福是奋斗出来的

作　　者：于　盛
责任编辑：付德华　关山美
封面设计：北京聚佰艺文化传播有限公司
责任审读：于建廷
责任印制：陈德松
出版发行：中华工商联合出版社有限责任公司
印　　制：永清县晔盛亚胶印有限公司
版　　次：2018年6月第1版
印　　次：2024年1月第2次印刷
开　　本：710mm×1020mm　1/16
字　　数：220千字
印　　张：14
书　　号：ISBN 978-7-5158-2273-0
定　　价：58.00元

服务热线：010—58301130
销售热线：010—58301130
地址邮编：北京市西城区西环广场A座
19—20层，100044
http：//www.chgslcbs.cn
E-mail：cicap1202@sina.com(营销中心)
E-mail：gslzbs@sina.com(总编室)

工商联版图书
版权所有 侵权必究

凡本社图书出现印装质量问题，请与印务部联系
联系电话:010-58302915

第五章 心中有路，走到哪里都是征途

第六章 只要你想，你也可以改变世界

第七章 幸福来自平凡的奋斗和坚持

第八章 不要等待，未来已来

第一章

只有奋斗的人生
才称得上幸福的人生

世界上没有白走的路

世界上没有白走的路，要成功就要积极行动，拼搏奋斗，勇敢接受生命的每一次挑战。

斯蒂芬·威廉·霍金是英国剑桥大学著名的物理学家，现代伟大的物理学家之一，20 世纪享有国际盛誉的伟人之一。他的一生充满了曲折，但他仍以顽强的斗志、乐观的精神、奋斗的态度面对生活，他以非凡的智慧影响着整个世界。

年仅 21 岁的霍金被诊断患有肌肉萎缩性侧索硬化症，但他一直坚强乐观地活着，仍然在物理学领域奋斗着。

20 世纪 60 年代后期，霍金的身体状况逐渐恶化，走路都必须使用拐杖。由于霍金逐渐失去写字能力，他自己发明一种替代的视觉性方法。他在脑里形成各种不同的心智图案与心智方程，他可以用这些心智元素来思考物理问题。霍金的思考过程，犹如莫扎特只凭借想象就写出一整部极具特色的交响乐曲。

霍金不愿对恶疾低头。他最喜欢被视为科学家，然后是科普作家，最重要的是，被视为正常人，他拥有与其他人相同的干劲、梦想与抱负。

霍金在去世前10天，提交了他的最后一份科学论文，为发现平行宇宙奠定了理论基础。这篇论文是他参与合著的论文《从永久膨胀中平稳退出》，旨在寻求“多元宇宙”理论的证据。

霍金在学术研究、大众科普、精神文化等方面持续影响着全世界的人。他说，人如果什么梦想都没有，就等于死亡。虽然他的活动被躯体所限制，但他的思想却遨游于星空。

勇敢接受生命的每一次挑战，你必须要确定自己奋斗的方向，不要只想过去的生活多么好，如果觉得是有前途的事，那就勇敢地奋斗吧。即使你没有经验，会遇到很多挑战，你也要告诉自己，勇敢前行、顽强拼搏是你成长的机会和帮手。而接受更多的挑战，你的人生就不会有失去激情或衰落的那一天。

他大学毕业了，刚出学校时，他有着雄心和动力，立志要在几年内做出一番事业。工作以后，他生活安逸，随着时间的流逝，还是一点成绩都没有。他不敢接受生活中的挑战，过着重复、没有激情的生活，所有抱负全都抛到了九霄云外。

他也曾有过机会，那是工作了一年后，有个朋友辞掉了大学老师的工作自己创业，邀他一起做。他当时心潮澎湃，答应朋友两个星期后辞掉工作，去朋友那座城市。可是，就在这两个星期里，他的勇气全没了，一想到要放弃现在稳定、安逸的工作，他就有点不情愿。一想到自己要去跑市场、找客户，或者绞尽脑汁地收账款之类的，他就有点胆怯。他又想万一赔了怎么办？那么多事情要自己去承受，那么多责任要压在自己身上，一想到这些，他就胆怯了。他最终拒绝了朋友的邀请，重新躺进自己的“温床”。

几个月过去了，他得知朋友做水泥生意赚了“第一桶金”，而他依旧是那个庸庸碌碌的“小蚂蚁”。

在人生爬金字塔的过程中，你越往上走竞争也就越激烈，而退出竞争会让你失去成长的能力，甚至失败。要想取胜，就要勇敢接受生命中的每一次挑战。

不敢接受生命的挑战，人的生存能力会退化。为什么有些人能够勇敢地接受生命中每一次挑战，而有些人却不敢接受哪怕是小小的考验呢？是他们天生就没有这个能力吗？不是的，每个正常人的先天因素差别并不是很大，他们之所以后来命运迥然不同、成就高低有别，最关键的因素是他们的心态不同。

一位哲学家说过：“在任何环境中，人总会拥有一种最后的自由，那就是选择态度的自由。”态度是唯一可以改变人的行为的外在因素，也是改变一个人的命运的因素，人只有以勇敢接受生命中每一次挑战的态度不断拼搏，才能不断强大，最终战胜自我，成就事业。

生活是一棵长满可能性的树

芝加哥大学校长罗吉斯在谈到如何获得快乐时说："我一直试着遵照一个小的忠告去做，这是已故的西尔斯公司董事长裘利亚斯告诉我的。他说：'如果有个柠檬，就做柠檬水。'"

这是聪明人的做法，而愚蠢人的做法正好相反。愚蠢人若发现给他的只是一个柠檬，他就会自暴自弃地说："就一个柠檬，能干什么？"然后，他开始诅咒这个世界，让自己沉溺在自怜自悯之中。可是当聪明人拿到一个柠檬时，他会说："这个柠檬很有用呀，我怎样才能改善我的情况，怎样才能把这个柠檬做成一杯柠檬水呢？"

伟大的心理学家安德尔说，人类最奇妙的特性之一就是把负能量变为正能量。

艾米·穆林斯，她自信优雅，风姿绰约，眼神坚定，落落大方。

她的人生带了些传奇色彩，少女时期，一直保持着美国垒球少年组最快盗垒纪录。作为不折不扣的学霸，艾米拿着全额奖学金考上美国名校乔治敦大学，读历史和外交两个专业。大学期间一路过关斩将，艾米用自己的智慧和才能，打败其他竞争者，获得五角大楼情报分析的实习工作，部门一共249人，她是唯一的女性。21岁参加运动会，赛出百米17.01秒，跳远达到3.14米，一举打破两项世界纪录。退役后，进军模特界，接拍广告，T台走秀，为明星开场。

在艾米身上，我们似乎能看见无限可能，她才是那个集美貌和才华于一身的女子。但是，所有成就，艾米都是踩着假肢完成的。垒球、跑步、跳远、滑雪等，艾米穿的都是碳纤维短跑义肢，而且，她是世界上第一个使用这种设计的人。艾米总是光鲜亮丽地站在人们面前，殊不知那样的外表下，藏着生命的痛，在她的微笑中，却看不见一丝自卑和迷茫。她的美虽然带了残缺，但无疑是最动人的。

艾米天生残疾，生来就没有小腿腓骨。艾米相信自己和别人没什么不一样，只不过是腿换成了义肢，并不影响“飞翔”。她没有坐过一天的轮椅，从小就学着和义肢共生共存。两岁的时候，她就能用义肢独立行走，与弟弟一起疯狂跑跳，爬树骑车。她认真给自己定了位：自己不是残疾人，可以骄傲地活着。

连自己都看轻自己，谁还会尊重你？人生也如赛场，停顿只有失败。她说：“真正的残疾，是被击败的灵魂。”她有12双腿，今天177cm，明天就186cm。不幸的机会，也是机会。只要态度坚定，就无须惧怕任何磨难。人生不只是物质的盛宴，还是一场灵魂的修炼，去包容自己的缺陷，心在哪里，收获就在哪里。

越研究那些有成就者，你就会越深刻地感觉到，他们之中有非常多的人之所以成功，是因为开始的时候，有一些阻碍他们前进的缺陷促使他们加倍地努力奋斗，之前的磨难使他们得到了更多的回报。正如一些残疾人所说的："我们的缺陷对我们有意外的帮助。"不错，也许弥尔顿就是因为眼盲，才写出了惊世的诗篇；贝多芬可能正是因为失聪，才谱出了不朽的乐曲。

有个农村小姑娘叫翠花。她也许是天生不适合学习，从上小学就经常考试不及格，只勉强念到了初中毕业。

一天，她的舅舅从城里来，知道了翠花的情况，就把翠花带到他开的饭店去当服务员。那一年，翠花才16岁。

在几个月后的一天，舅舅来到一个雅间，看到桌子上摆着一小盘雕花，是用苹果雕的，玲珑剔透，十分赏心悦目。舅舅端详着，赞不绝口，问是谁雕的。翠花说："是我。"舅舅一脸疑惑地看着她："真的？"翠花马上拿出一个苹果，当场雕了起来。她的刀法非常娴熟，只用了几分钟，一只雕花苹果便做成了。舅舅特别激动地说："真没想到，你还有这个特长。"

翠花说："我家有个苹果园，我以前放学没事就到苹果园去。地上有许多从树上掉落的苹果，我就拿一把小刀削着吃。吃不了，就削着玩，渐渐地就开始雕刻，都七八年了。”

“太好了，这回你有用武之地了。”舅舅说。

从此以后，饭店宴席上，只要摆上翠花雕的各种水果雕花，就会让席面增辉，令顾客称赞不已。有时，客人会要求见见雕花人，当他们一看站在面前的是个16岁的小姑娘时，都惊诧不已。客人兴致高时，还会要求翠花当场献艺。

翠花17岁那年，参加了在美国举行的世界宴会雕花大奖赛，一举夺魁。当翠花走下领奖台时，记者们争着问道：“你的天赋是怎么发展起来的？”

翠花回答说：“我不是天才，我是一个笨女孩。老天只给我苹果，别的什么都没有了。”

老天只给了她苹果，但这并没有影响她创造生命的辉煌。特长就像人生的一把雕刻刀，可以雕出芬芳而璀璨的人生。

如果我们能够做到，就应该把只有一条腿的威廉·波里索的这句话刻在生命中：“生命中最重要的一件事，就是不要把你的收入拿来作资本。任何愚蠢的人都会这样做，但真正重要的是要从你的损失里获利。这需要有才智才行，而这一点也正是一个聪明的人和一个愚蠢的人之间的根本区别。”

所以，当命运交给我们一个柠檬的时候，让我们试着去做一杯柠檬水吧。

没有坐享其成的好事，要幸福就要奋斗

心理学上有一个“期待效应”，指热切的期望能够使期望者的梦想实现，也能使被期望的人或事达到期望者的要求。当一个人相信自己能行时，在自我暗示的启发和鼓励下，就能改变心态，向好的方面努力，从而获得一种积极向上的力量，增强自我价值的认定，并力争达到自己的目标，不使自己失望。

每个人都心中有梦，有的人希望能过上高品质的生活，有的人希望能改造这个社会，然而因为生活中的诸多挫折和日常琐碎，许多人的梦就此“缩水”，甚至再也不想去实现。

1940年11月27日，李小龙出生在美国。因为父亲是演员，他从小就有了跑龙套的机会，于是产生了想当一名演员的想法，父亲却让他拜师习武来强身。在他内心深处，一刻也不曾放弃当一名演员的梦想。

一天，他与一位朋友谈到梦想时，随手在一张便笺上写下了自己的人生目标：“我将会成为全美国最高薪酬的超级巨星。作为回报，我将奉献出最激动人心、最具震撼力的演出。从1970年开始，我将会赢得世界级的声誉；到1980年，我将拥有1000万美元的财富，那时候，我与家人将会过上愉快、和谐、幸福的生活。”写下这张便笺的时候，他的生活正穷困潦倒，然而，他却把这些话深深铭记在心底。

为实现梦想，他克服了无数常人难以想象的困难。1971年，命运之神终于向他露出了微笑。他主演的电影《精武门》刷新香港票房纪录。1972年，他主演了《龙争虎斗》，这部电影使他成为一名国际巨星，被誉为“功夫之王”。1998年，美国《时代》周刊将他评为“20世纪英雄偶像”之一。

人生能有几回搏？有志向的人像只勤奋的鸟儿，在还是黎明时，就迎着曙光歌唱了。有志者千方百计地追求成功，无志者千难万难却碌碌无为。志在巅峰的人，不会因为困难而退却，也不会半途而废。想干总会有办法，不想干总会有理由！人的心有多大，人生的舞台就有多大！

两颗相同的种子，同时被抛到地里。一颗种子想：“我得把根扎到泥土里去，努力地生长，我要走过春夏秋冬，看到更多美丽的风景。”于是，它努力生长，在一个金黄色的秋天，它收获了，它看到了心中期盼的风景，而另一颗种子则认为：“我若向上生长，可能会碰到坚硬的石头；如果向下生长扎根，可能会伤到自己的神经；我若长出幼苗，可能会被吃掉；若开花结果，可能会被一些不懂事的孩子连根拔起。还是留在原地不动的好，那样多舒服自在。”结果有一天，一只觅食的公鸡，啄了两下，便吃掉了它。

从某种意义上说，我们生活的这个世界正是由人的梦想创造出来的。因为有了飞行的梦想，才会有飞机翱翔长空；因为有了远航的梦想，才会有巨轮劈波斩浪；因为有了征服的梦想，人类才能站在珠峰之巅。有了梦想，就要动手实践，从奋斗中取得成功，收获幸福。

薛瓦勒是个邮差。一天，他在送信时被石头绊倒了，他站起身，拍拍身上的尘土，准备继续走。他突然发现绊倒他的那块石头样子十分奇特，他拾起那块石头，左看右看，爱不释手。于是，他把那块石头放在了自己的邮包里。回家后，他疲惫地睡在床上，突然产生了一个念头：如果用这样美丽的石头建造一座城堡，那将会多么迷人！于是，他每天在送信的途中都会寻找石头，每天都会带回一大堆奇形怪状的石头，但石头的数量离建造城堡的用石量还相差甚远。

于是，他开始推着独轮车送信，只要发现他中意的石头都会往独轮车上装。从此以后，他再也没有过上一天安逸的日子。白天他是一个邮差和一个运送石头的苦力，晚上他又是一个建筑师，按照自己天马行空的想象来垒造自己的城堡。对于他的行为，所有人都感到不可思议，认为他的精神出了问题。

二十多年的时间里，薛瓦勒不停地寻找石头、运输石头、堆积石头。

在他的偏僻住处，出现了许多错落有致的城堡。当地人都知道有这样一个性格偏执、沉默不语的邮差在玩一些如小孩子筑沙堡的游戏。

1905年，法国一家报纸的记者偶然发现了这群低矮的城堡，这里的风景和城堡的建筑格局令记者叹为观止。记者为此写了一篇介绍文章，文章发表后，薛瓦勒迅速成为新闻人物。许多人都慕名前来参观城堡，连当时最有名的毕加索都专程前来参观薛瓦勒的建筑。

现在这个城堡已成为法国最著名的风景旅游点，它的名字就叫作“邮差薛瓦勒之理想宫”。

在城堡的石头上，薛瓦勒当年的许多刻痕还清晰可见，有一句就刻在入口处的一块石头上：“我想知道一块有了愿望的石头能走多远。”与其说那些城堡是用石头建造的，不如说是邮差薛瓦勒用梦想建造的。

对梦想的执着追求，将会创造出令人惊叹的天地：一粒花种，追求梦想就能盛开出一个春天；一株树苗，追求梦想就能成长为一片森林；一滴水珠，追求梦想就能汇聚为一片海洋。追求梦想，也就是追求奇迹。不要给自己设限，面对任何事情，都要积极动脑，让梦想唤醒内心深处的力量，最后你会发现“没有什么不可能”。梦想不是空想，你的幸福从行动开始。

不在乎外界的变迁，在乎内心的体验

奋斗的本质，就是激发我们发挥人生的主观能动性，挖掘潜力，体现每个人的创造性和价值，帮助我们从认知上改变命运。虽然时光不会倒流，无人能够从头再来，但人人都可以从现在做起，开创全新的未来。

奋斗，能剔石掘玉，许多卓越的人都说奋斗是决定成功的源头。因为一个人的成功，首先是思维决定出路，然后是做法的奏效，最后才有功劳簿的记载。一旦正面思维形成，阻碍我们行动的消极思维，就会自动消失，以确保我们每个人在行动中，都能以奋斗的积极态度去思考和行动，促使事情朝有利于自己的方向转化，帮助我们每个人搬开绊脚石，披荆斩棘，乘风破浪，发现自我，进而实现自我。

从古至今，从国内到国外，那些有卓越建树的人，无不是从奋斗中，让自己以积极、主动、乐观的态度去思考和行动，利于自己人生的开拓，使自己在逆境中更加坚强，在顺境中脱颖而出，变不利为有利，以促进事业成功和实现自我价值。

诸如曾子说道：“吾一日三省吾身。”一日三次反省自己的行为，学会取舍，用正面思维取代负面思维；一日三次，持之以恒，及时校正自己的思维航线，端正自己的行为。弗兰克·泰格在研究失败的人群时也发现：成功路上的障碍多是人为的，而制造障碍的人往往就是自己。很多人之所以失败，多半是没有学会怎样奋斗，因循守旧，亦步亦趋，没有创意，不敢行动，总觉得自己不如别人，在妄自菲薄之中让发展的机会一个个溜走。罗斯福也曾说过，没有你的允许，世界上没人能够让你觉得自己低人一等。只要奋斗，没有什么能阻碍你前行的脚步。

在 1994 年诺贝尔文学奖的颁奖盛会上，获此殊荣的日本作家大江健三郎，面对各国记者询问自己成功的原因时，他说：“许多人都认为我们是生活在现在，生活在当下。其实不然，我们吃饭、工作、行走、写作，都是在为未来做准备。”

大江健三郎的回答赢得满场热烈的掌声，是因为他以一种奋斗的态度，在自己力所能及的范围内，进行自我更新、自我蜕变，不断超越自己，引领自己的未来，让自己在未来的发展道路上不被动，化工作和生活中的紧迫感为上进心和超前意识，主动地迎接工作中的未知挑战。帮助他打开创作思路，取得卓越成绩。因而他能获此殊荣，也就是在意料之中的事情了。

是的，这些都是伟人。可是这些伟人，原本也是平凡人，之所以成为瞩目的伟人，就是强化了正面的思维，摆脱了负面的想法，自己树立自己，自己成就自己。爱迪生正是因拥有正面的思维：把自己寻找发光材料的多次失败看成是自己成功证明几百种材料不能发光，终于找到了发光材料，成为大发明家。而我们在竞争中求生存，有许多人之所以没有达成既定目标，其主因就是因为在追求目标的过程中，容易产生负面的想法。本来可以大有作为的，仅仅因为没有从正面来思考和处理问题，就失去了反败为胜的良机；许多人素质很好，能力和知识储备都不错，但没有学会奋斗，迟迟得不到梦寐以求的东西。

我们每个人一旦进入职场，就意味着竞争，自己敢不敢闯？有没有驾驭工作的能力？能不能以己之长攻对手之短？能不能“师夷长技以制夷”？能不能积小胜为大胜？这些都要求我们，首先要有立于不败之地的奋斗精神，在意识上要战胜竞争对手，充分看到自己的优势和长处，懂得化不利为有利，让自身弱势转变为强势。

我们只有学会奋斗，让不利于我们奋进的消极思维消失，才会确保我们处理任何事情会以积极、主动、乐观的态度去思考和行动，促使事物朝有利的方向转化，使我们在逆境中更加坚定，在沉着中扭转不利因素；使我们在顺境中脱颖而出，从优秀的台阶迈向卓越。从正面的思想观念上改变命运，这才是事业成功和实现自我价值的有效途径。

有谁知道，香港湾仔码头水饺的创始人臧健和，其实是一个曾被老公负心抛弃的柔弱女子呢？

“我的创业与成功，其实与我具有奋斗的意识，非常有关系。”臧健和说。当她带着年幼的女儿在香港孤立无援时，她想残酷的事实只是让她看清了一个人，天不会塌下来，只要自己勤劳，没有过不去的坎。她没有选择放弃，而是以乐观的心态面对现实。她带着年幼的女儿在香港湾仔码头卖北方水饺。

奋斗的精神使臧健和坚持勤劳、积极的付出，她包的水饺远近闻名。一天，日本著名连锁超市的老总在品尝了臧健和包的水饺后，对其水饺赞不绝口。通过交谈，更大加赞赏臧健和积极的人生态度、坚持不懈的努力，于是决定帮助她扩大生产，这为臧健和带来了难得的发展良机。

于是，臧健和的水饺店被日本商人投资扩大规模，建立工厂，批量生产，才有了现在响当当的国际品牌——香港湾仔码头水饺。

从街头小贩到如今的跨国企业总裁，臧健和在常人难以想象的情感痛苦和创业困窘中，学会了奋斗，使她能坚持以乐观的心态面对丈夫抛弃，在陌生香港的困难，并用积极心态战胜了常人难以想象的无依无靠的困境，使她在积极的付出中，取得了令人仰目的成功。

每个人都是一座山，世上最难攀越的山其实是自己。往上走，即便一小步，也有新高度。我们无论遇到什么困难，只要学会奋斗，就会发觉一切不是没有办法可以解决，只要战胜自己，就没有什么不能达到的了。在奋进的路上，即使心中有太多的苦涩，奋斗拼搏的精神也会告诉我们，这是暂时的，不要眉头紧锁，要相信风雨过后，终究会有美丽的彩虹。伤心时，奋斗会提醒我们不要哭泣，不要吝啬自己的微笑，留住心中的那份宁静，在我们心底最深处，寻找属于自己的那份宁静与淡然，凝聚坚强，守护一份澄明的心境，感悟生命中的点滴，让一缕阳光折射到心底，让一份淡泊与美丽停留在心湖深处，用行动关心身边的每个人，用心灵的眼睛，寻找阳光的踪迹，驱散失败的阴霾。

奋斗的精神能点铁成金，能帮助我们每个人搬开人生前进路上的绊脚石，实现自己的人生理想。

提高能量储备，在奋斗中获得满足

在社会激烈的竞争中，只有不断提高个人技能，才能在事业上有更大的发展。时代在发展，人们对自身的要求愈来愈完美，他们不断进取，不断超越自我。

成功的动力源于拥有一个值得努力的目标。抛开自我，放眼寻求生命的真谛。胸怀大志的人所拥有的一个显著特征就是他们勇于超越自我，全力以赴地去圆自己心中的梦。

成功不是扬扬得意地炫耀自己所取得的成就，也不是为一点小小的成绩而自满。如果你有一双强有力的手，不仅带动自己，而且也能帮助那些寻找目标、坚持不懈的人，你才能算是获得了更大的成功。

阿琪雅纳·卡玛瑞克是当今世界公认的“天才”画家。她和她的作品曾多次登上一些国际的电视台和杂志。她的画风不同于普遍的画作风格，充满意境且富有哲理，似乎在告诉人们一些真知灼见。

阿琪雅纳·卡玛瑞克的家属于美国的中下阶层，他们一家人住在玉米地边的小屋里，妈妈是老师，爸爸在医院的食堂工作。她的家庭没有任何艺术渊源，出生在这样和艺术不沾边的家庭里，阿琪雅纳却从三四岁开始展露出绘画兴趣和才能。虽然家境不好，但父母很开明，对她的兴趣表示支持。母亲送给她一本素描书和几支铅笔，她就从这开始不断地自我摸索。

虽然没钱请专业的老师，但是有了父母的支持，年幼的阿琪雅纳在家好好地自学。六岁开始用粉彩笔，七岁练习用丙烯颜料，八岁时她创作出第一幅长尺寸油画。同年，她还举办了自己的展览，她的名气也渐渐传开。九岁的时候，阿琪雅纳收到了美国著名脱口秀节目的邀请，之后更是一举成名。从没上过美术课、没有专业指导的她成为人们口中的“天才”。

取得这样的成就不只是因为她的天赋，更与阿琪雅纳的努力和奋斗分不开，她坚持每天凌晨四点就起来捕捉灵感，开始画画。画画时她会秉持一次一幅的原则，专心完成这一幅后再思考下一幅作品。她的每幅画作平均要花100~200小时完成，她一周有五六天都在画画，有时一天要连续画14个小时。正是她的努力奋斗成就了她，她说：“我的梦想超越于我！”

追求超越自我的人，每一分每一秒都活得很踏实，他们尽其所能享受、关怀、做事并付出。除了工作和赚钱以外，他们的人生还有其他意义。若非如此，即使身居高位，生活富裕，你也可能仍感到空虚。

要享受成功，必须先明白自己工作的目的，辛勤工作，夜以继日，更要有一个切实的目标。财富以外，更重要的是幸福。

人生战场上真正的赢家，大多目标远大、目标明确，他们追寻生命的真谛、超越自我。他们能够把生活的各个层面融合为一体。为了享受生活的乐趣，他们不仅剖析自我，而且爱从大处着眼，展望生命的全貌。

不论是今人或古人，都对我们今日的生活有莫大的贡献，因此我们必须竭尽所能，以求回报。我们必须要超越自我，全力以赴，为更加美好的生活而努力，以求突破现状，开创新局面。

在现实社会中，很多事物等着我们去挑战，贫困、疾病、危机、缺乏爱心等各种社会现象令人不寒而栗，拥有梦想才能拯救自己。

太现实的人往往会失去梦想。善于梦想的人，无论怎样贫苦、怎样不幸，他总有自信。他藐视命运，相信美好的日子终会到来。一个人的梦想的实现，往往可以唤起为一串新的梦想的努力奋斗。

每一个成功的梦想，都离不开奋斗

很多人都在抱怨这个社会，抱怨怀才不遇，抱怨自己机遇不好。然而很多时候，并不是社会太现实，而是你还不够努力。对于我们每一个人而言，只有你的先天条件和后天努力都到位了，机遇才会自然而然地来到你的身边。机遇不会无端地从天而降，要想成功，就必须狠下心来努力拼搏！有些人看到别人的光环，却没有看到他背后的奋斗。

俗话说，“天道酬勤”“只要功夫深，铁杵磨成针”。所以，一切都要看你做人做事是不是尽心尽力了，有没有把自己的全部精力全心全意地投入其中。只要你愿意努力，让自己付出辛勤的汗水，那么生活就会给你带来良好的机遇。

日本货运巨头佐川清出生在一个颇有名望的富裕家庭里，他在父母的爱护中度过了自己快乐的童年时代。但不幸的是，他的母亲在他八岁那年因病去世了，从此，佐川清无忧无虑的生活结束了。

佐川清的继母对他非常不好，中学还没毕业，他就赌气离家出走，到外面自谋生路。由于年纪还小，佐川清找工作非常不易。为了生存，他最后在一家快递公司当了脚夫。

在那个年代，快递公司一般是没有运输工具的，运输主要靠的就是脚夫搭车和走路，对人的体力要求很高，特别是运送重物，那更是非常辛苦了，可是佐川清一干就是20年。当佐川清35岁的时候，他不想再给别人打工了，想拥有一份属于自己的事业，于是他在京都创办了“佐川捷运公司”。

刚开始的时候，公司的老板和员工就是佐川清自己。他的妻子有时候也会来帮他一下，算得上是半个兼职员工。

当时佐川清所确立的业务范围是在京都和大阪之间，做供应商和代销商的快递生意。公司刚开业的那段时间，佐川清根本就拉不到生意。主要是因为他的公司没有什么知名度，客户对他的公司也缺乏信心；其次就是由于资金问题，他没有资产可以抵押，这样就不容易把信用树立起来。但是佐川清毫不气馁，依旧坚持每天往客户家里跑，一次不成就再去一次，极力在客户面前表现出自己乐意效劳的诚意。

就这样过了半个月的时间，突然有一天，佐川清再次去拜访大阪“千田商会”，老板见他来了好几次，觉得佐川清是一个做事认真的人，于是就请他坐下来聊一聊。

当这家商会的老板知道了佐川清的经历之后，非常感动。他万万没有想到一个富家子弟居然能靠卖苦力来谋生。于是，千田老板委托他将十架莱卡牌相机送到一家照相机店。而这种相机的价格非常昂贵，一架相机可以抵得上佐川清打工时一个半月的收入，可以说，这是佐川清成立公司以来接到的第一单生意，也是一笔大生意。他像捧着稀世珍宝一样小心地护送，不敢有半点疏忽，终于圆满完成任务。

在这之后不久，佐川清又接到一单生意，就是大阪的“光洋轴承”业主委托他运送一批轴承。当时一般的脚夫都不愿搬运这种超级重的物品，而佐川清却非常高兴地接下了这笔业务。

每个重达50公斤的轴承，每天要往来于大阪和京都之间七次，累得腰都直不起来。虽然辛苦，但是佐川清还是坚持了下来，正是由于佐川清吃苦耐劳的精神深深感动了“光洋轴承”的老板，从此之后，他将公司所有的快递业务都交给佐川清做。

通过这两单生意，其他客户对佐川清有了进一步的了解，都觉得他是一个值得信赖的人，于是也慢慢地开始把业务交给他做。

就这样，凭着自己的吃苦耐劳与正直诚信，佐川清终于成功地打开了局面。后来，佐川清承接的生意越来越多，最终“佐川捷运公司”发展成一个拥有万辆卡车、数百家店铺、电脑中心控制、现代化流水作业的货运集团公司，而它也垄断了日本的货运业，并且将生意做到国外，年营业额逾3000亿日元。

著名的美国作家罗威尔说：“人世中不幸的事如同一把刀，它可以为你所用，也可以把你割伤。那要看你握住的是刀刃还是刀柄。”是的，如果你握住的是刀刃，那么你会被现实折磨得不堪入目，如果你握住的是刀柄，那么你就能享受现实带给你的快感。

有人曾说：“你只看到萤火虫身上闪烁着光芒，却没有看见它身后拼命扇动的翅膀。”很多时候，我们只羡慕他人的成功，只惊羡花儿绽放时的万紫千红，可所有的成功与万紫千红背后，无不浸透着奋斗的汗水、无私的付出以及巨大的努力。因而，无论你有着怎样的梦想，无论你要实现什么样的梦想，都要刻苦地去努力。

非洲的戈壁一望无际，在辽阔的大戈壁上，有一种像昙花一样的花，在绽放时，小小的花朵非常美丽，可它的花期也非常短暂，两天之后就会凋谢。这种小花就是依米。依米的花期虽短，可等待绽放的时间却很长，而且需要付出常人难以想象的努力。

在非洲的戈壁上，只有根系庞大的植物才能生存，而依米花的根却只有一条，它的根只能一路蜿蜒盘曲，尽量扎根于大地深处。对很多花儿来说，要完成根茎的穿插工作，并不是很难，可对于依米花来说，却要费尽周折，要花费五年的时间才能完成。在此期间，谁能想象，依米花为了这两天短暂的开放，付出了多少艰辛和努力！

完成根茎的穿插之后，并不等于大功告成了，依米花依然要努力，需要一点一点地积蓄养分，在第六年的春天，依米花才能吐绿绽翠，绽放一朵小小的四色鲜花。

成功者之所以能实现梦想，在于他们敢于追求梦想，舍得为了梦想付山巨大的努力。有的人之所以没有实现梦想，有一部分原因在于他们不想付出，不舍得付出，只想坐享其成。所以，结果自然不同。

除了阳光和空气是大自然赐予的，其他一切都需要劳动获得。如果你想实现自己的梦想，那就努力奋斗吧！梦想是缤纷多彩的，可实现梦想的过程没有美丽，只有奋斗。

实现梦想没有捷径，一个人要实现梦想，就要去奋斗，就要去努力。一分耕耘，一分收获。只有奋斗了，努力了，付出了，才可能有所获得。不奋斗，不努力，不付出，可能永远都没有回报。

第二章

没有经历艰辛
就不是真正的奋斗

没有付出哪有回报，闪光的人生离不开艰辛的汗水

在工作中，很多人手头上的事情不那么急迫时，就会想，这事儿明天再做吧。这是人的惰性在起作用。

有关机构做过这么一个统计：世界500强企业在招聘员工时，都喜欢招聘那些“聪明人”，而“聪明人”并不是指个人智力超群，而是指那些懂得主动付出的人。他们愿意在工作中付出自己的努力，自然而然的，他们也就能将自己的工作做好。与那些整天幻想能够不劳而获的人相比，他们身上具备更多的能动性，也就更受企业的青睐。

有一位名叫娜塔莎的俄罗斯女孩，她的父亲是莫斯科有名的整形外科医生，母亲是一所大学的教授。从中学的时候起，娜塔莎就一直梦想能当上电视节目主持人。她觉得自己有这方面的才干，因为每当她和别人相处时，即便是陌生人也愿意亲近她。她的朋友们称她是“亲密的随

身精神医生”。她自己常说：“只要有人愿意给我一次上电视的机会，我相信一定能成功。”

但是，她为了这个梦想做了些什么呢？她什么也没做，她只是在等待奇迹出现，希望自己一下子就当上电视节目的主持人。娜塔莎不切实际地期待着，但是，谁也不会请一个毫无经验的人去担任电视节目主持人。

而另一个名叫玛莉的女孩却实现了当节目主持人的梦想，成了著名的电视节目主持人。玛莉并没有白白地等待机会出现。她白天去打工，晚上在某大学的舞台艺术系上夜校。毕业之后，她跑遍了圣彼得堡的广播电台和电视台。但是，每一个地方的经理给她的答复都差不多：“没有几年工作经验的人，我们是不会雇用的。”

她不愿意退缩，也没有就此放弃。她一连几个月仔细阅读着广播电视方面的杂志，最后终于看到一则招聘广告，有一家很小的电视台招聘一名天气预报女主持人。

就这样，玛莉成为一名天气预报主持人，并在那里工作了两年。后来，她在圣彼得堡电视台找到工作。又过了五年，她终于得到提升，成为她梦想已久的节目主持人。

失败者谈起别人的成功时总会愤愤不平地说：“人家有好运气。”他们不采取行动，而是等待着有一天会走运。他们把成功看作降临在“幸运儿”头上的偶然事情。而事实上，成功者都是勤奋的人，他们从来都不靠运气。培养勤奋的工作态度是很关键的一环。一旦养成了一种不畏劳苦、敢于拼搏、锲而不舍、坚持到底的品质，无论干什么事，我们都能在竞争中立于不败之地。

德摩斯梯尼是古希腊最伟大的演说家之一。

德摩斯梯尼天生口吃，嗓音微弱，还有耸肩的坏习惯。在常人看来，他似乎没有一点当演说家的天赋，因为在当时的雅典，一名出色的演说家必须声音洪亮，发音清晰，姿势优美，富有辩才。他在年轻的时候就非常热爱演讲，虚心学习，梦想有一天自己也能成为一个非常成功的演讲家。然而，当他第一次登台演讲的时候，演说还没有结束，他就被听众轰下了讲台，耳边回荡着铺天盖地的嘲笑和讥讽之声。他无比羞愤地离开人群，并暗暗地发誓今后再也不去演讲。

就在这时，一个人走到德摩斯梯尼的跟前对他说："我是你刚才的一名听众，我知道大家没有公平对待你的演说。其实，你在演讲方面很有天赋和潜质，你的眼界很开阔，思想的底蕴也非常丰厚。不要害怕听众的嘲讽，只要你继续努力、不断完善自己，终有一天他们会重新评定你的。"原来，对他说话的是一个叫塞特洛斯的演员。从此以后，他们就成了一对非常好的朋友。在塞特洛斯的鼓励之下，德摩斯梯尼不但没有放弃演讲，而且还针对自己的不足，更加着意地挖掘自己的潜质和潜能，做了超过常人几倍的努力，进行了异常刻苦的学习和训练。

他刻苦读书学习，虚心向著名演员请教发音的方法。为了改进发音，他把小石子含在嘴里朗读，迎着大风和波涛讲话。为了去掉气短的毛病，他一边在陡峭的山路上攀登，一边不停地吟诗。他在家里装一面大镜子，每天起早贪黑地对着镜子练习演说。德摩斯梯尼不仅训练自己的发音，而且努力提高政治、文学修养。他研究古希腊的诗歌、神话，背诵优秀的悲剧和喜剧，探讨著名历史学家的文体和风格。

经过十多年的磨炼，德摩斯梯尼终于成为一位出色的演说家，他的著名的政治演说为他建立了不朽的声誉，他的演说词结集出版，成为古代雄辩术的典范。

每每提到自己的这一经历，他都一再告诫年轻人说："只要还有一个人在为你喝彩，那么，你追求的就存在着值得你去为之奋斗的价值！一个人的喝彩，往往就是吹开你失败坚冰的春风！"

有句话说得特别好：你付出了，不一定会有收获；但假如你不付出，那么，你一定不会有收获。所以，不要以为暂时偷懒没什么大不了的。只要你存在偷懒的心理，只要你没有付出，你就不可能有收获。

你所经历的艰辛，都将变成生命的礼物

过去的一切事情，无论是悔恨，还是得意，都已然是过去，都不能解决当下任何的问题，犹如倒在掌心的水，不管我们是将手心摊平，还是将手心握紧，这些水终究还是会从我们的指缝中，一滴一滴地流淌干净。与其无谓地握紧，让它成为我们前进路上的羁绊，倒不如从容地敞开，放掉过去，去寻找下一眼甘泉；翻过书页，开启新的卷面，做好现在的自我，把握好现在的时机，有助于我们创造新的价值。

正如一位著名的诗人所说："对过去有太多的依恋，便成了一种羁绊，而羁绊的不仅是现在，还有未来。"让过去成为我们前行路上的羁绊，不仅会令我们失掉现在，还会失掉未来。因为一个连现在都失掉的人，又哪有未来？我们只有在前行的路上，学会记得随手关上身后的门，才能开始下一段全新的路程，赢得未来。

还没有当上首相时，乔治就有一个令人不解的习惯：每次与朋友们在院子里散步时，他们每经过一扇门，乔治总是随手把门关上。

“你有必要把这些门关上吗？”朋友们很是纳闷。

“哦，当然有这个必要。”乔治微笑着说，“我这一生都在关我身后的门。你们应该知道，莫让过去成为我们前进路上的羁绊，这是我必须做的事。”

当乔治随手关上身后的门时，也就将过去的一切留在后面，不管是美好的成就，还是让人懊恼的失误，统统关在身后。然后，就又可以全身心地重新开始。乔治正是凭着不让过去成为前行的羁绊这种精神，一步一步走向了成功，登上首相的位置。

过去只是令我们追悔不及的遗憾，背负着过去的包袱负重前行，只会令我们心情沉重，步履艰涩，阻碍我们事业的成功和生命的进程；我们只有把每一天都当成一个新起点，才会令自己青春永驻，充满活力，迎来新的成功之光。然而，在我们日常生活的时间长河里，我们总习惯于在重压之下回首，吟唱往日的牧歌，而放弃眼前的风景；我们也习惯于捧着摔坏的花瓶负重前行，看不到应该珍惜的眼前，让心在不知不觉之间，被无形的枷锁困在那不可回溯的记忆之中。

殊不知那些或许甜蜜，或许苦楚，或许闲适清悠，或许忧虑的回忆，都成了我们前进路上的绊脚石，成了我们最沉重的包袱，而使我们痛失了眼前的幸福。所以，在当下，我们最需要的，是卸下过去沉重的包袱，放下心中的枷锁，关上身后的门，挥别“一朝被蛇咬，十年怕井绳”的余悸，走出过去失败的阴影，我们才会洒脱、从容地告别过去，忘记过去。因为不管过去是多么值得我们留恋的温情，也不管它曾经是多么值得我们骄傲的辉煌业绩，我们不能躺在昨天的功劳簿上睡觉，顽固守旧，夜郎自大，只有这样我们才会重新开始新的一天，才可以更专注地走前方的路，以全新的姿态去开辟更美好的未来。

高得贵是上海市有名的亿万富翁，身边总是有人围绕。不幸的是，在1997年因金融风暴，他的投资失误，身边人们变冷漠了，纷纷退股，高得贵的公司一下子破了产。

当高得贵撤完最后一个朋友的资后，轻轻松了一口气：“这下好了，我终于可以重新开始了。”

高得贵彻底放下过去成功的光环，每日推着车在人来潮往的街市卖烤饼、烤红薯，有时甚至转卖时鲜蔬菜……直到一位房产商相信他的能力，将一个承包工程的项目交给他负责，他在不负众望之中顺利完成工程，终于有了东山再起的势头。

往日与他翻脸的朋友，又纷纷要投资入股，他的妻子说：“都是翻脸不认人的家伙，没有他们咱们照样能起来。”

“都是过去的事情了，何必提呢？”高得贵说，“众人拾柴火焰高，大家捧我的事业，我的事业也会朝好的方向发展，大家齐心协力干一番事业，一起前行，好事啊！”

高得贵大刀阔斧地前行，不过五年的时间，东山再起。

高得贵事业上的“起死回生”，在于他能勇敢地不让过去的成功成为自己前进路上的羁绊。公司破产了没什么可怕的，终于可以重新开始了。卖烤饼又何妨？当小商贩又何妨？关键是凭自己的劳动吃饭！高得贵将事业做大做强，就在于他大度地不让过去“众叛亲离”的阴影成为前进路上的羁绊。趋势避险是人性共同的特点，现在自己的事业没风险，大家入股一起前进多好！所以，像高得贵这样不让过去成为羁绊、一如既往前行的人，注定会东山再起。

正如歌里所唱的“看成败，人生豪迈，不过是从头再来。”豪迈的人生应是能从容面对过去，坦然忘记过去，无论是荣耀还是失意，我们都要踏着它，重新开始，不浪费当下的宝贵时间，让我们前进的脚步像泉水追逐青山一样，已然将过去的坎坷、颠簸和疲惫，甩在身后。像雄鹰用梦想的翅膀翱翔蓝天一样，已全然忘记过去滑翔悬崖的恐惧，不让过去的恐惧成为折断我们“搏击长空的翅膀”，我们才能领略到苏东坡那句“且把新火煮新茶”里的淡然、泰然、坦然，我们才能在工作、生活中，学会用新茶融化内心的冰霜，用新火化开人生中的坚冰，将过去的沮丧、失意、愁苦都统统放下，让豁然开朗的心襟，放达开阔的视野，乐观向前的心绪，帮我们打开心中的枷锁，去创造更美好的将来。

甩掉过去成功的虚荣、失败的阴影，重新树立人生航标，勇往直前，是一种大智大勇，以高瞻远瞩的目光，坦坦荡荡、从从容容地走好当前的路，实现目标，赢得未来，必会经营出美好的明天。

吃苦算什么，奋斗的你要对自己狠一点

生活中的我们就像那小小的蚕，常会给自己织上一层无形的茧，使自己陷入生存窒息的状态，或是处于绝望的境地。但是如果我们能像蚕那样，勇敢地咬破自己构筑的外壳，坚持不懈地努力，不断战胜困难，战胜自己，我们就会破茧飞出，冲出困境，获得生命的重生，获得心灵的酣畅与自由。

想要成就自己，就得有吃苦耐劳的精神。古今中外的成就者，莫不如此。

央视“金牌”主持人白岩松以庄重、平和、睿智的主持风格深受观众青睐，人称“国家脸谱”。但这张光彩熠熠的“脸谱”却来之不易。

白岩松八岁时，父亲就去世了，十岁时，从小抚养他的爷爷也离他而去，整个家只剩妈妈带着他和哥哥，靠很低的工资过日子。白岩松高

三那年，为了更快地提高成绩，他把所有的课本都装订起来，历史书订了六百多页，地理书订了七百多页，而语文书订了一千多页。经过努力，白岩松最后终于考上了理想的大学。结婚后，由于没有房子，他们夫妇曾一年内搬了六次家，那个时期正值白岩松工作的低谷。

1993 年，中央电视台制片人见他思维敏捷、语言犀利，便让他试试做主持人。但白岩松经常发音不准，读错字，有连续四五个月的时间，他都睡不着觉，压力非常大。

妻子每天都督促他练习普通话。她从字典里把一些生僻字和多音字挑出来，注上拼音让白岩松反复朗读，还让他练习绕口令。终于，白岩松练出了一口流利的普通话。后来他获得“金话筒”奖，正式调入中央电视台。

坚韧、吃苦耐劳、持之以恒、永不放弃，是“国家脸谱”给我们的启迪。我们每个人都想过上快乐幸福的生活，成就一番事业，那么，学习那些成功者的精神是必不可少的。世上没有一个人是轻而易举成功的。

当生命从狭窄漆黑的通道飞向另一个天地——接近或达到目标的时候，我们所经历过的一切，才显示出它的价值和意义。“不经一番寒彻骨，哪得梅花扑鼻香。”不怕苦，不怕累，最终才能成功。

人们都希望自己成为生活的强者，但通向强者之路上永远有苦难在那里等待。苦难对于每个人来说都是一场考验，只有经受住苦难的考验，才能铸就非凡的人生。

如果你能任劳任怨，看到生活的美好层面，即使是苦日子也可以过得有滋有味。你想成为幸福的人吗？你首先学会吃得起苦。

她经受过很多苦难，早年不幸丧母，全靠她帮助父亲把三个弟妹供上大学。后来她嫁人了，又遭遇婆婆病重，瘫痪了。她丈夫是乡村小学教师，收入也不多，而她开始只是一名代课的老师，工资就更低了。为了支撑这个家，她向村里人要了人家不愿耕种的田地，下课以后就去侍弄，种些瓜菜，自己吃不完的还可以拿到市场上去卖。晚上不但要备课、照顾婆婆，还要安顿两个年幼的孩子。

她总是那么忙，但是她从来没有因为家而拖累自己的工作。后来她还参加了民办教师转正考试，结果考了全县第一。她是一位心灵手巧的女人。丈夫的衬衫领子有点破了，她把领子拆下翻过来重新缝上，又可以穿好久。孩子没有衣服穿了，她把自己穿旧的衣服裁剪下来给孩子做衣服。有邻居丢掉的窗帘，她觉得布料还不错，便要来做成桌布、门帘。

有人问她："会觉得辛苦吗？"她爽朗地笑了，说："生活虽然清苦些，但很踏实，很满足。常常看着一家人和和美美地坐在一起吃饭，上课时看到孩子们充满渴望的眼睛，劳作时看到那一片绿油油的庄稼，心里就感到一种难言的甜蜜幸福。"

苦难是一本启智开慧的好书，当人们精心感受之后，会发现它在娓娓讲述丰富的生活阅历，同时又夹着睿智，细细品味会使人豁然开朗，智慧倍增。

苦难是一位深沉的哲人，强者的人生意义不在于他辉煌的成功，而在于他为实现理想所做的一次又一次搏击，强者在风浪中领略到瑰丽之景是平庸者永远看不到的。

培养一颗不怕苦的心灵，同时不断增大自己的满足感和实现值，将会过得甜蜜幸福。

无论生活如何践踏你、蹂躏你、糟蹋你、压榨你，你也永远不会失去你的个人价值，潜藏在体内的喜悦、知识、永恒所闪耀的光永远不会熄灭。我们的价值并非由穿多少钱的衣服或者银行存款或者工作职称来决定，我们应该丰富的是人生阅历而不是履历。学会在任何突发的环境中保持愉快的心情，让自己的良性快乐细胞立即投入工作。

不屈不挠，战胜逆境中的磨炼与困难

生命中，失败、内疚和悲哀有时会把我们引向绝望。但不必退缩，我们可以爬起来，重新开始。

人生多坎坷，如果你乐观豁达，就可以战胜所面临的苦难，就可以淡泊名利，过上真正快乐的生活。人类几千年的文明史告诉我们，积极的心态能帮助我们获取健康、幸福和财富。

我们必须站起来重新迈开步走，因为我们身体中的每一个细胞都是为了在生命中奋斗而存在的。

在一些研究诗史的学者看来，与苏东坡的诗文同样值得推崇的是他的人生境界。苏东坡一生坎坷，不仅多次被贬，而且还屡遭人生变故，但他却总能保持乐观的心态，过得充实而自信。甚至于，他把被贬迁到海南岛也看成是旅行，笑称“吾生如寄耳，岭海亦闲游”。

“心大”，使苏东坡成了真正的大家。在这一点上，大文豪苏东坡应是我们的典范。

苏东坡更愿意把人生看成一个漫长的时间过程，并相信这比起把人生看成是一个短暂的时间过程的态度，会产生较少的悲观绝望，而产生较多的希望。也正是由于有了这种不计较一时得失、以天下事为使命的胸怀，他才得以留下了许多豪放而豁达的伟大诗篇。

从20世纪80年代起，美国维斯卡亚公司就极负盛名。学机械制造的史蒂芬从哈佛大学毕业后，非常希望能进入这家公司工作，被拒绝后，史蒂芬却依旧把眼光停在那家最能让他发挥才智的公司上。

一次，史蒂芬在农场里帮父亲收割向日葵，因为雨水的缘故，有好多葵花籽在植株的顶端发了芽。父亲开玩笑地说："这些葵花籽这么迫不及待地发芽，结果只有死路一条。想发芽开花，必须钻到泥土里去才行。"听完这话，史蒂芬很受启发。于是他来到维斯卡亚公司，表示愿意不计报酬，当一名清洁工。

别人眼中不屑一顾的工作，会让史蒂芬拥有某种条件。半年以后，他发现公司在生产中有一个技术性漏洞，最终想出一个足以改变现状的方法。史蒂芬找到总经理，对出现的问题做了合理的解释，并在工程技术方面提出了自己的观点。最后，他拿出产品的改造设计图。这个设计恰到好处地保留了产品原有的优点，同时又能避免出现问题。

十年之后，史蒂芬荣升为维斯卡亚公司的CEO，个人财富也跻身美国富豪榜前50名。

不放弃，不气馁，低下头，以退为进，幸福之神会向你招手的。以退为进是一种智慧，也是一种锻炼人的方式，让人从底层中吸取营养，磨炼心性，最后如种子破土而出，长成参天大树。幸福之花要开放，首先得有埋在土里的种子才行。不要害怕做土里的种子，那是你成长过程中的经历。

如果我们把生活中的这些起起落落看得太重，那么生活对于我们来说永远都不会坦然，永远都没有欢笑。人生应该有所追求，但暂时得不到并不会阻碍日常生活的幸福。

人生不可能一帆风顺，有成功，也有失败；有开心，也有失落。无论如何，一定要乐观面对人生得失成败，日子才会好过。

在世界最深的马里亚纳海沟深处，海水又冷又暗，千万年来沉寂无声，连低等的植物都无法生长。偶尔一些小光点缓缓移动，那便是从安康鱼身上发射出来的光芒。

日月星辰、山川平原、飞禽走兽、花鸟鱼虫，从高级的植物到低等的菌类，人类可谓是享受万物的君主。如此说来，一点点失败算什么？一点点寂寥算什么？一点点压抑又算什么？想想安康鱼，在一万一千多米的深海中还没放弃生存，我们有什么理由轻言放弃？

在生活中磨砺，在汗水中奋斗

苏格拉底说："世界上最快乐的事，莫过于为理想而奋斗。"为梦想而奋斗拼搏的人，无疑是幸福的。但只有志存高远，脚踏实地并且努力付出汗水与劳动的人，才可能梦想成真。

一切皆有可能。不管是老人还是孩子，不管是贫穷还是富有，都应有自己的梦想，并为梦想而努力，在汗水中放飞梦想。就像清代诗人袁牧的诗作《苔》中所写："白日不到处，青春恰自来。苔花如米小，也学牡丹开。"

有一个黑人小男孩出生于纽约的布鲁克林贫民窟。当他出生后，家里就有四个孩子了，一家人全靠父亲一个人微薄的工资在支撑。因为家庭贫穷，小男孩从小就没有什么梦想。

当他长到13岁的时候，父亲拿出自己的一件旧衣服问他："你认为这件衣服值多少钱？"

他回答说："最多能卖一美元吧！"

父亲继续说："你能不能将它卖到两美元呢？"

他回答说："我愿意试试。"

说完，他就开始变得忙忙碌碌。他将衣服清洗干净，之后，再用刷子将这件旧衣服刷平，晾干。第二天一早，他就拿着这件衣服来到一个地铁站出口。

地铁站的客流量很大，他壮着胆子吆喝着卖衣服，半天后，这件衣服以两美元的价格最终卖了出去。

从那之后，他就利用空闲时间去垃圾堆里淘别人扔掉的旧衣服，然后细心地将它们洗净刷平，最后再拿着去人流量大的地方卖掉。

半个月后的一天，父亲又拿出自己的一件旧衣服给他，并对他说："你想办法把这件衣服卖到20美元吧！"

尽管他打心眼里认为这件衣服不值20美元，可是，面对父亲鼓励的眼神，他还是苦思冥想，最终想出了一个好办法。他先请学习绘画的表哥在这件旧衣服上画了憨态可掬的米老鼠和淘气的唐老鸭，之后，他拿着这件衣服来到一个贵族学校门口叫卖。

这一次他又成功了，这件衣服最终被一位开着汽车过来接孩子放学的父亲看中了，爽快地拿出20美元买下了它。让人感到意外的是，那个孩子因为太喜欢这件衣服了，又大方地给他五美元作为小费。

他高高兴兴地回家后，没想到父亲再一次拿出自己的一件旧衣服递给他，并对他说道："你试试，能不能把这件衣服以200美元的价格卖出去。”

他心想，这么一件旧衣服怎么可能卖到200美元呢？但他没有反驳父亲的话，而是将之看作一个挑战。于是，他接过旧衣服开始思考了。

一段时间后，热门电视剧《霹雳娇娃》的女主角法拉佛西来纽约做宣传。他等到记者招待会结束之后飞快地跑到法拉佛西身边，请求她在那件旧衣服上签名。法拉佛西看到这么一个活泼可爱的孩子非常高兴，于是十分爽快地在衣服上签下自己的名字。在会场外，还聚集着很多观众，激动的小男孩大声叫喊道：“这是由法拉佛西小姐亲笔签名的衣服，仅仅需要200美元！”最终，因为有太多人想要，这件旧衣服“以价高者得”的方式，以1200美元成交。

他非常激动地回到家里，原本等着父亲对他的夸赞。可是，父亲却问他：“孩子，你从卖这三件旧衣服中，明白了什么道理呢？”

他沉思了一会儿说道：“只要愿意动脑子，就一定会想到好办法。”

父亲这才微笑着说道：“你说得对，不过，我是想告诉你，一件看起来价值一美元的旧衣服，都能变得高贵起来，难道我们自己就不能变得高贵起来吗？如今，我们只是家庭贫困了些，可是，这又有什么关系呢？”

从那以后，他再也不妄自菲薄了，而是对未来充满了梦想与希冀。

几十年后，世人皆知他的名字，而他就是历史上最伟大的篮球运动员——迈克尔·乔丹。

我们只有正确地直面困难，就算是失败了也不会留下遗憾。相反地，如果只是一味抱怨他人，向困难低头，自己的未来，便会输得很惨。因为从古至今，没有一位成功人士是通过抱怨获得成就的，也没有一道难关是能用抱怨的态度来解决的，更没有一项伟业是通过抱怨的期艾来获得的。

我们身边常见抱怨父母者，并没有使自己得到父母更多的温暖和关爱，反而使自己成了不孝儿女；夫妻间相互抱怨，并不能带来永久的恩爱；下属对上司抱怨，并不会得到上司的欣赏升职加薪；抱怨朋友者，并没有得到朋友更多的信任，反而最终冷漠相对；抱怨同事者，明争暗斗，并没有显示出自己多少聪明才智，反而使自己在钩心斗角中身败名裂……抱怨的情绪，就犹如住在我们心头的恶魔，只会徒增自己的烦恼，只会让人家更看不起我们，更敌视我们，只会让自己的心情更加失落，也只会让机遇白白从我们的指缝间溜走。

有的人不是不优秀，而是抱怨的情绪，像恶魔一样在他心里折腾，使生活的阳光照射不到心底，令其失去激情和斗志，意志消沉，从而郁郁不得志。

一个人一旦产生抱怨的情绪，就会使自己陷于杞人忧天的境地，使自己在长年累月的重复、单调、枯燥中，觉得度日如年，看不到美好的未来，总感觉世间的一切对自己不公平，好像全天下的人都对不起自己，这种情绪带来的人生危险信号，吞噬着自己的健康，污秽着自己心里深处的一方净土，令面容冷漠，令心灵自私狭隘，令自己身处无人问津的可悲孤独之中，令自己的前路迷茫灰暗。

我们只有改变抱怨的情绪，清理自己的心灵，反省自己的行为，将抱怨的恶魔驱逐出心灵，让阳光重新照射进来，重塑自己，才会看到眼前一片明媚的天。

宝剑锋从磨砺出，梅花香自苦寒来。如果你有梦想，努力去实现吧！将梦想付诸行动，多一分努力，多一分付出，多一分汗水，就会多收获一分快乐，少留一分遗憾！

熬过一阵子，幸福一辈子

一个人的心若常常在黑夜的海上漂浮，得不到阳光的指引，终究会有一天沉沦到海底。时光如水，生活似歌，我们每个人若想要让生活过得有意义、有价值，让心灵充满阳光，学会塑造阳光心态，就显得非常关键和至关重要。

我们每个人如同生活在繁杂世界里的小苗，杂草越多小苗就越难生长，收成就会越差。阴暗的心态只能将我们打入抱怨、不满、气愤的牢笼，痛苦的回忆总是剥夺着我们当下的快乐，我们只有让心里装满阳光，才会宽容过去的一切伤害，才会轻松地、开心地拥抱当下生命中的每一个时刻，才会拥抱生活中的每一个细节，在挫折中总结经验、吸取教训、悟出道理，让过去的每一种苦难或失败经历，成为自己迈向成功的铺路石，让曾经的痛苦，奠定自己辉煌的将来。

有一次，年少的阿巴亚和父亲在草原上迷了路，阿巴亚又累又怕，快走不动了。

父亲从兜里掏出五枚硬币，把一枚硬币埋在草地里，其余四枚放在阿巴亚的手上，说："人生有五枚金币，童年、少年、青年、中年、老年各有一枚，你现在才用了一枚，就是埋在草地里的那一枚。所以我们一定要走出草原，世界很大，人活着，就要多走些地方，多看看，勇敢接受生命的每一次挑战。"在父亲的鼓励下，阿巴亚和父亲最终走出了草原。

长大后，阿巴亚离开了家乡，成为一名优秀的航海船长。

一个心里充满阳光的人，才会习惯性地发现生活中积极的一面，习惯性地用美好眼光看待生活中、工作中的一切，学会接纳自己，接受他人，接受生活，珍惜生命，坚信只要有生命存在，每个人的生活就是完美的；在欣赏他人时，懂得感激，在感激之中，热爱工作和生活，从而形成一个整体的积极互动。

我们只有拥有阳光般积极的心态，才能学会与身边的同事，周围的人真挚相处，欣赏比自己能干的人，欣赏别人为自己做的哪怕看似一些微不足道的小事情，自然而然地将嫉妒所产生的憎恨、厌恶，转变为感激和感恩，广交朋友，与每一个朋友真挚沟通，就像打开一扇扇窗户，让我们看到一个绚丽多彩、令人陶醉的世界。

一个人的内心，就是一面镜子，你笑，它也笑；你哭，它也哭。一个心里充满阳光的人，坚信风雨过后，终会有美丽的彩虹；生活中不吝啬自己美丽的微笑，懂得在心底最深处寻找属于自己的那份宁静与淡然，凝聚坚强，守护一份澄明的心境，感悟生命中的点滴，让一缕阳光折射到心底，让一份淡泊与美丽停留在心湖深处，懂得珍惜，生活里总会多一缕阳光。

在我们的一生中，痛苦和快乐总是如同阳光与阴影一样相互伴随着，就如同花开总有花落时，在阳光的照射之下，学会聆听自己，欣赏自己，尽情拥抱着大自然的亲切，在馨香的自然之美，清新的田园风光之中，尽情聆听大自然的歌声，心中就会飘荡一份宁静的韵律，抛开心中的烦恼，让心中升腾起无尽的幸福感，给生命一份恬静，坚信明天会更美好，绝不轻言放弃，笑对生活，扬起生命的风帆，升起心中的太阳，让阳光照亮心房，精神振奋，敞开心扉，与人为善，笑对人生。

拥有阳光的心态，我们的生活于无形之中就会少一分烦恼，少一分狭隘，多一分快乐和幸福，生命之树自然常青。

你无法事事顺利，但可以尽力而为

俗话说："谋事在人，成事在天。"我们虽然无法决定事情的成败，却可以尽自己所有的力量把事情做到最好。尽力而为，就是不放弃、不舍弃。人生路上，很多事情我们无法改变，但是我们可以尽自己的力量去奋力拼搏，去努力做到最好。

人有各种各样的欲望，渴望着成功，渴望着名利双收，可是"人生不如意十之八九"，有些人在失败后有很大的心理落差，甚至由此导致心理扭曲，走上"不归路"。其实，没有人总能成功，也没有人总不成功，不要让自己"吊死在一棵树上"，凡事只要尽力就好。

有些时候不要过于"严苛"，只要尽力而为就好。发现自己的长处，并每天不断地去努力，去尽力做好每一件事情。

我们要对自身所处的逆境有一个客观的认识和评价。我们所遇到的逆境，有些是可以通过努力加以改变的，但也有些不是通过简单的努力就能改变的。所以，有时候，随遇而安不失为一种洒脱、乐观的人生态度。试想，一个人如果整天在那里幻想，幻想一些不切实际的东西，除了劳心费神、于事无补外，他将一无所获。一个人如果不从实际出发，乱碰乱撞，自不量力，那他最终只能深陷逆境，不可自拔，在自己的人生道路上越走越窄。所以，我们要学会的是，不要因为自己对一些事无能为力而哀伤、遗憾，要知道，每个人的能力都有大有小，任何人都不是全能的，凡事量力而行、尽力而为就好。

不是所有的人都能登上珠穆朗玛峰，也不是任何人都要去摘取金字塔顶端的明珠。山顶有山顶的壮美，山腰、山脚也有其不可替代的美景。

只要我们尽力而为，到达了自己力所能及的地点，我们就是成功的。

很多时候并不是成功才有价值，只要你尽力而为了，你就一定能够从中得到收获。

可是，很多人不懂得“尽力而为就好”的道理，他们殚思竭虑地赌上自己的一生，只为了那所谓的成功、所谓的第一。

顺境与逆境，犹如白天与黑夜，无法评价其孰好孰坏。人生路上，顺境会遇到，逆境也会“碰到”；有的人顺境多一些，有的人则逆境多一些。当然，人们都希望遇到顺境，而逆境则是人们都不愿意“碰到”的。

顺境能让人心情愉快，做起事情来得心应手；而逆境则被人们视为“霉运”，视为不顺。逆境中的有些人事事碰壁，于是总羡慕那些他们认为生活在“顺境中的人”。实际上，很多在外人看来处在“顺境中的人”并不是完全顺的，他们也会有烦恼、悲伤，甚至“霉运”。

在生活中，一个人如果太顺利了，也不一定是好事，因为可能会让人有点飘飘然、自得、自大、骄傲自满，看不到潜在的危机，努力奋斗的心态会逐渐懈怠，浮躁、专横等不良问题会越来越多。因此，人越是在顺境中，越应小心谨慎，如履薄冰，这样才能将顺境牢牢把握住。

当然，并不是处于顺境中的人就一定经不起考验。人如果在顺境中一直保持谦虚谨慎的态度，利用顺境中的各种有利条件，踏踏实实做事，就容易取得成就，容易取得成功。

一次失败，并不意味着永远的失败，也绝不意味着总是处于失败之中，有时尽管人们一时没有达到目标，但只要坚持、努力、奋斗、拼搏，就有成功的希望。而如果不坚持，绝望了，放弃了，那最终肯定是一无所成。

不是所有的美梦都能成真，不是所有的理想都能结果。在历史的漫漫长河中，有多少人能真正地“至险远之地”呢？早生华发、壮志未酬的人数不胜数，叹息“行路难、行路难，多歧路、今安在”的人更是成千上万。但是，人只要抱定“尽吾志也而不能至者，可以无悔矣”的心态，只要尽力而为、上下求索、屡败屡战，无论最终是否获得成功、是否取得第一、是否“至险远之地”，都可以活出自己无怨无悔的精彩人生！

第三章

人生中的每一次努力都是幸运的伏笔

只有不停地长期奋斗才是最可靠的选择

奋斗，是一个人改变命运的前提。也许我们奋斗了，不一定能改变命运，但不奋斗注定是命运无从改变。成功只会光顾那些坚持不懈地奋斗的人，这是一条万古不变的真理。

奋斗，是一种人生境界，更是通向目标的唯一途径。不奋斗，就会被别人取而代之，奋斗也是改变命运的最明智的选择。

改变命运，收获成功，几乎是所有人的人生目标。而在达成目标、改变命运的过程中，每个人都会遇到诸如冷嘲热讽、打击报复、泼冷水等无法言说的阻碍和困难，有时还会有名誉和利益上的损失。正是因为通往成功之路，都不会是一帆风顺的，这条路往往充满艰辛，所以大多数人会在困难面前往回走，见到风险躲着走，见到矛盾绕着走，奋斗就成了一句空话、假话、套话，而凭汗水、泪水甚至血水换来的赢家，总是那些意志、毅力坚定不移、坚持不懈奋斗的少数人。

每个人的出身不同，不同的境遇也注定有不一样的命运，但是每个人通过奋斗，都可以获得成功，从而改变自己的命运。如贝多芬之所以能改变自己的命运，是因为他敢于坚毅地向自己多灾多难的命运挑战、奋斗；爱迪生之所以能改变自己的命运，是他那颗不甘挫败的心支撑他奋斗不息……他们是名人，但他们在没有奋斗、没有获得成功之前，与我们一样是一个普通人。

我们生活在这个多姿多彩的世界，各种事物都在与时俱进中不断更新，我们只有保持奋斗拼搏的精神，积极向上，勇敢攀登，自己的命运才会从衰落，暗淡无光之中，变得像茂密葱郁的森林一样，生机勃勃。

女排精神被运动员们视为刻苦奋斗的标杆和座右铭，鼓舞着他们的士气和热情。更关键的是，它因契合时代需要，不仅成为体育领域的品牌意志，更被强烈地升华为民族面貌的代名词，演化成指代社会文化的一种符号。

女排精神之所以备受推崇，最重要的是那种足以流芳百世的不畏强敌、顽强拼搏、永不言弃的奋斗精神。

中国女排的发展史，就是一部艰苦奋斗史。从白手起家到铸就辉煌，靠的是艰苦奋斗；从低谷再到巅峰，靠的仍然是艰苦奋斗。在国家经济基础薄弱、物资匮乏的年代，她们利用最为简陋的条件开展“魔鬼训练”，即使摔得遍体鳞伤也含泪坚持。主教练郎平，在屡获世界冠军后不愿躺在功劳簿上享受，继续艰苦奋斗。

三十多年来，中国女排前进的道路上有辉煌也有挫折，但不论在什么情况下，中国女排一直顽强拼搏，坚持奋斗，永不言弃。处顺境就自强不息增创更大优势，处逆境则自强不息化劣势为优势，从不怨天尤人，始终以顽强拼搏的奋斗精神带给人们感动与鼓舞。即使是面对最强大的对手，她们也毫无惧色，一球一球拼、一分一分搏，直到比赛的最后一刻！

“努力不一定成功，但放弃一定失败。”正如中国女排，她们在经历了低迷期，仍然不放弃，努力坚持奋斗才能再次荣登世界之巅。长期地坚持奋斗是一种态度，只有坚持不懈地奋斗，人生才能趋于完美。

奋斗的人生就是在不屈服于命运、努力奋斗之中，改变自己的命运，成就自己的幸福人生。

任何职业，在我们确定了目标之后，就要一步一步从每一件小事开始奋斗，从每一个细节做起。点滴积累，步步努力，扎扎实实地做好每一个细节，追求精益求精。

做事不管实效，只喊口号，或者应付了事、敷衍塞责，都不是真正的奋斗，对自身也不会有实质的改变。我们唯有朝着正确的方向奋斗，然后朝着目标开始奋斗，不怕山高路远，不达目的永不言弃，确信今天的奋斗决定明天的结果，心里萌发梦想的种子，总会在奋斗之中发芽。任何人，改变困窘的命运，没有捷径，唯有不懈奋斗。只有奋斗，才能够给予我们丰厚的回报，体会到奋斗的乐趣。更重要的是，奋斗能成就自己的人生理想，实现自己的价值，找到人生的意义，从而改变自己的命运。

任何困难在披荆斩棘的奋斗者面前，都只不过是一种历练。任何一道坎坷在披星戴月的奋斗者脚下，都只不过是多了一条考验。任何的荣辱得失在奋斗者的激情中，都只不过是塞翁失马焉知非福的一时得失。任何挫折于奋斗者而言，只是设法及时反省与补救的良机。奋斗者坚信灰心丧气是失败之源，患得患失是痛苦之源，唯有奋斗方能改变自己的命运，引领自己走出沙漠的迷茫，走向成功。

奋斗是种子冲破泥土的冲劲，从而改变种子深困泥淖的命运；奋斗是流水冲击岩石的动力，从而改变流水入海的命运；奋斗是阳光洒满大地的精华，从而成就大地的五彩缤纷。只要我们敢于为理想奋斗、敢于为将来奋斗，也敢于越败越勇，吸取经验与教训，取得成功，我们的命运才会得到奇迹般的改变。

坚持到底，奋斗要有一颗坚持的心

有位名人曾经说过：“失败只有一种，那就是半途而废！”下定决心做一件事是容易的，但能够坚持到最后取得成功就不那么容易了。有的人头脑“热”一些，没有估计到困难，结果困难一出现，他就退缩了；有的人头脑冷静一点，估计到了困难，可没估计到困难有那么大，结果也退缩了；有的人眼看就要成功了，距成功只有一步之遥，一纸之隔，可就是“挺不住”了，结果，前功尽弃，这不是他的能力不够，而是他的意志不坚。

一个人做事，要么不做，要么就坚持到底，绝不能半途而废，不能让之前的努力付诸流水。凭一时感情冲动和兴致去做事的人，等到热情和兴致一过，事情也就跟着停顿下来，这哪里是能坚持长久、奋发上进的做法呢？从情感出发去领悟真理的人，有时能领悟到真理，有时也会被感情所迷惑，所以这种做法也不是会永久发光的“灵智明灯”。遭受挫败有时反而会使一个人走上成功之路，因此人在遭受打击、不如意时，千万不可就此罢休、放弃追求。

屠呦呦，中国首位获得诺贝尔生理学或医学奖的本土科学家。为了一个使命，执着于千百次实验，萃取出古老文化的精华，深深植入当代世界，帮人类渡过一劫。

屠呦呦继2011年荣获拉斯克奖临床医学奖，2015年荣获诺贝尔生理学或医学奖之后，2016年获中国国家最高科学技术奖，成为有史以来获此荣誉的第一位女性科学家。

问世40年来，青蒿素已经挽救了数百万人的生命。屠呦呦的悠悠芳草之心，发散着暗香，经年不衰。即便获得诺贝尔生理学或医学奖之后，关于她的报道铺天盖地，但实际上，她很少出现在公众视野，顽强"抵抗"着外界的关注。

1967年5月23日，我国紧急启动"疟疾防治药物研究工作协作"项目，屠呦呦被任命为该项目中医研究院科研组长。项目背后是残酷的现实：由于恶性疟原虫对以氯喹为代表的老一代抗疟药产生抗药性，如何发明新药成为世界性的棘手问题。要在设施简陋和信息渠道不畅通的条件下，短时间内对几千种中草药进行筛选，其难度无异于大海捞针。由于实验室没有配套的通风设备，加上经常和各种化学溶剂打交道，屠呦呦很快就患上了结核、肝病等慢性疾病。但这些看似难以逾越的阻碍反而激发了她的斗志，通过翻阅历代本草医籍，四处走访老中医，甚至连群众来信都不放过，屠呦呦终于在2000多种中草药中整理出一张含有640多种草药（包括青蒿在内）的《抗疟单验访集》。可在最初的动物实验中，青蒿的效果并不出彩，屠呦呦的寻找也一度陷入僵局。

在查阅了大量文献后，屠呦呦意识到可能是煮沸和高温提取破坏了青蒿中的活性成分，她改用沸点较低的乙醚进行实验，尝试在不同摄氏度的条件下制取青蒿提取物。在失败了190次之后，1971年10月4日，屠呦呦终于如愿以偿地从第191号样品中获得了抗疟效果达到百分之百的提取物。1972年，屠呦呦和她的同事们在青蒿中提取到了一种无色结晶体，他们将这种无色的结晶体物质命名为青蒿素。为进一步完善这种新型特效药物，屠呦呦还率队历时六年，排除干扰，克服困难，成功开发出了一种抗疟疗效比青蒿素高十倍，但复发率却极低、用药剂量更小、使用起来更方便的抗疟新药物，即双氢青蒿素。1990年3月，双氢青蒿素一举通过了技术鉴定，成为人类抗击疟疾的“有效武器”。

青蒿，南北方都很常见的一种植物，郁郁葱葱地长在山野，外表朴实无华，却内蕴无穷的魔力。屠呦呦说，她只是一位普通的植物化学研究人员，但作为一位在中国医药学宝库中有所发现，并为国际科学界所认可的中国科学家，她感到自豪。

人生不过几十寒暑，异常短暂，人在有生之年，发挥出自己真正的兴趣与才能，一心一意地坚持做下去，才会有所成就。古人所说的“不经一番寒彻骨，怎得梅花扑鼻香”提倡的正是一种坚韧、锲而不舍的精神。

当今时代有一些颇为浮躁的风气，人们被时尚和流行弄得晕头转向，许多人失去了“凿深井”的精神。我们常常感叹做事难成，但是我们是否有过自我反思：我们真的一心去做了吗？其实，人生只有“凿深井”，才能品味出深刻而丰富的内涵。

有所不为，才能有所为。人生有很多东西是可以放弃的，但万万不可轻言放弃的是努力。

恰如鲮鱼和鲦鱼的例子说明了这一点，实验者用玻璃板把一个水池隔成两半，把一条鲮鱼和一条鲦鱼分别放在玻璃隔板的两侧。开始时，鲮鱼要吃鲦鱼，飞快地向鲦鱼游去，可一次次都撞在玻璃隔板上，游不过去。过了一会儿，鲮鱼放弃了努力，不再向鲦鱼那边游去。更有趣的是，当实验者将玻璃板抽出来之后，鲮鱼也不再尝试去吃鲦鱼。鲮鱼失去了吃掉鲦鱼的信心，放弃了已经可以达到目的的努力。

其实，作为万物之灵的人，有时也犯鲮鱼那样的错误。许许多多的医生、教练员和运动员断言：人在 4 分钟内跑完 1 英里的路程，那是绝不可能的。然而，有一个人首先开创了 4 分钟跑完 1 英里的纪录，证明了他们的断言错了。这个人就是罗杰·班尼斯特。数十年前被认为是根本不可能的事情，为什么变成了可能的事情？那是因为有人没有放弃奋斗，没有放弃努力。

好多障碍并不是存在外界，而是存在于我们的心里。几乎每个胜利者，都曾经是个失败者。胜利者与失败者的重要区别是：胜利者屡败屡战，绝不轻易放弃努力；失败者屡战屡败，可惜地放弃了努力。

许多时候，面对挫折与失败的打击，我们不能沮丧，而是应该问问自己："为什么不再试一次呢？"无论做什么都要懂得坚持，不容许有任何半途而废的想法和行动，因为，成功源于坚持。

奋斗，现在开始还不晚

我们时常会听到有人后悔，“如果当时我再努力一次就好了，可现在已经晚了”“我们的好时候已经错过了，现在已经晚了”“假如我还年轻，可现在已经晚了”……这些情绪的存在虽然情有可原，但与其这样感慨，不如抓紧时间开始行动，不要放弃希望，告诉自己：只要有决心改变，什么时候都不晚！

如果一个人要等着新一年才要有新作为，那么他现在一定正在蹉跎岁月；如果寄望着明年才有好转机，那么他现在一定没有掌握时机。等待是消极的，不如现在就努力。谁把握机遇，谁就心想事成。

乔治·道森从小生活贫困，没有机会读书学习，以至于成家立业、生儿育女后仍然目不识丁。但他却经常极其认真地看着六个孩子写作业，并且尽量显得自己是看得懂的。

他的儿子被派往战场打仗，发现总是母亲给他写信，从未见过父亲的家书，这才了解原来父亲根本不识字。

乔治感到非常羞愧，于是，他在98岁那年毅然开始识字学习，102岁完成了自己的小说处女作，并创造了两项吉尼斯纪录：世界上年龄最大的小学生和世界最老的处女作作者。

即使我们已经不那么年轻，即使我们错过了很多该做的事，但是，真的晚了吗？不。任何时候都不晚。也许你30岁了还在犹豫不决，也许你40岁了还一事无成，也许你50岁了仍是一文不名，但只要你热情不减，目标明确，下定决心，朝着自己的理想只争朝夕，奋斗不止，你依然没有愧对自己的生命。

不要认为现在已经太迟，不以任何借口苟安于现状，只要行动起来就不晚。最好现在就努力，无论什么时候，应该是日日努力，天天精进才好。

小时候，老师经常会问我们："你们的梦想是什么？"小小年纪，哪里懂得什么叫梦想，在我们心里，所谓的梦想，就是长大后我们想变成什么样的人。有的孩子会说想当科学家，有些孩子会说想当个超级英雄来拯救世界。随着年龄的增长，我们渐渐懂得梦想与现实世界之间的差距，有些人选择放下年幼时的梦想，做一些更合乎常理的"梦"。其实，小时候心里那小小的梦想里包含的不仅仅是对未来的期望，更多的是反映了我们年少时的单纯无瑕。长大后，我们的世界观形成，对梦想与现实之间的差距也了然于心。

在世俗的压力下，我们选择成为普通人，读书、工作、结婚生子。我们的一生似乎就要按着前人所走过的模式走下去，但我们却始终心有不甘。

有时候，我们会一次次默默地问自己：“还记得年少时的梦吗？尽管是一个不切实际的幻想，但至少我们心里有过追求，有过那种义无反顾的冲劲儿。现在呢？除了生活，我们选择拒绝一些结果未定的事情。”有些人会无奈地一笑，说：“即使我现在想要追求什么梦想也太迟了，有家庭、有孩子，就代表了我们有着必须担负的责任。”其实，追梦什么时候开始都不会晚。家庭的责任并不代表我们要放弃自我，只为别人付出。一个放弃梦想的人，定然也是一个不懂得热爱生活的人，这样的人在生活中如何能尽心尽力地承担自己的责任呢？

30岁的刚子是一家互联网公司的总经理，他家庭美满、工作顺利，然而，他觉得自己的内心从未被填满过。他有一本小相册，里面是他年少时的摄影作品，有些还在国际上获过奖。对于他而言，工作只是养家糊口的一种责任，是自己不得不去面对的现实，而摄影一直都是他梦寐以求的梦想。从小，他就喜欢跟在镇上的摄影师后面乱转，他觉得，一架小小的相机就能包罗万象是多么神奇的事情。那时候他就下定决心，以后一定要成为一名出色的摄影师。可惜，父母对他的这个爱好并不重视，甚至反对。一是他们觉得摄影毫无技术含量，是供人玩乐的东西；

二是他们觉得刚子还年幼，根本不懂事，不懂得什么是梦想。他们只知道，刚子如果能考个好大学，就可以找一份体面的工作，再娶个懂事的媳妇儿，那样他们也算对祖上有所交代了。

父母的反对和不理解，让刚子不得不和自己喜爱的摄影说再见。尽管闲暇时候他依然会偷偷跑出去拍几张照片，但渐渐地他也意识到梦想与现实之间的差距，自己所谓的坚持在生活的压力面前显得那样的苍白。他决心彻底放弃摄影，把自己所有的摄影器材和照片都锁了起来，按照父母的安排过着普通的人生。

刚子没有辜负父母的期望，他找到一个温柔贤惠的妻子，生了个可爱的女儿。一天，上幼儿园的女儿问他："爸爸，今天老师问我们，我们的梦想是什么？爸爸，到底什么叫做梦想呀？"面对女儿的疑问，刚子哑口无言。梦想是什么呢？如果说自己年幼时的梦想是成为一名摄影师，那现在自己的梦想又是什么呢？这时，他才意识到自己离梦想这两个字已经太远。从那天后，刚子一直在考虑一个问题，关于梦想。他回想小时候老师也曾问过自己同样的问题，他甚至能记得自己当时回答老师时那种自信和一本正经的神情。不知不觉，他的内心似乎有什么被慢慢点燃，他翻出自己曾经拍摄过的作品，心里一阵激动。梦想，就像有一种无形的吸引力，正召唤着他前进。很快，他又意识到自己如今已经不是那个懵懂少年，有了家庭和责任，一旦辞了职去追寻所谓的梦想，就代表着他选择了自私。

他把自己的想法告诉了妻子，没想到妻子却很支持他。她说："虽然你现在不年轻了，但是追寻梦想什么时候开始都不算晚。更何况，我们追求的不是梦想实现那一刹那的短暂快乐，而是追逐梦想的过程中品尝的喜怒哀乐。”妻子的话让刚子动容，也让他坚定了信心。他毅然辞去了别人眼里的高薪工作，重新捧起了心爱的相机。

只要心怀梦想，不管你是年少还是年近古稀，都不算晚。因为真正重要的历程不在于成功后的喜悦，而在于我们追逐梦想时沿途的风景。当然，重要的就是对梦想的那份坚持不能变。

要学会权衡。梦想并不意味着对责任的放弃，梦想与责任并不矛盾。无论何时，当你准备开始追逐梦想时，不要忘记自己身负的责任。让责任与梦想同行，才能让自己的梦想变得更加有目标和动力。

梦想并不是幻想。我们的梦想可以远大，但一定要符合实际。空谈和幻想永远也不会有实现的那一天，只有脚踏实地地保持一颗追寻梦想的心，把梦想与现实结合起来，才能让自己离梦想更近一些。

要学会坚持。其实每个人都有梦想，只是有些人最终选择了放弃，有些人咬紧牙关也会记得自己曾许下的誓言。我们不追求最后的成功，毕竟彩色泡沫炸开后并不一定就代表惊喜。我们应该懂得坚持，懂得享受寻梦的过程，也许无形之中就可以发现出人意料的惊喜。

为了梦想而奋斗，什么时候开始都不晚。生活中总有很多无奈，让我们不得不在梦想与现实之间做出选择。别害怕，只要你一直心系梦想，努力奋斗，那么一定有实现的那天。

奋斗需要持之以恒的积极行动

天上不会掉馅饼，所有成功都是行动换来的！

理想是成功的航标，行动就是成功的风帆。就像一辆车，若是轮子不行动，车辆将永远停滞不前；鱼儿若不行动，不是饿死在深水里，就是干涸在日渐退却的浅滩里。通向成功的路有许多，但是不行动，所等来的只能是碌碌无为的悔恨。

成功只光顾愿意为成功而奋斗的人——成功始于心动，成于行动。成功的前提是我们自己得要有强烈的成功愿望。如果我们自身不愿成功，那是任谁也不能帮助我们的。伴随我们成功愿望的，是要有坚定的行动，而这必然源于我们自己深刻的认识和觉悟。

没有谁不羡慕站在领奖台上冠军的夺目光彩，没有谁不渴望拥有财富。然而，不是谁都能获得那样的成功。纵观他们的成功，并不是他们比我们多了三头六臂，而是他们能坚持做到别人不能够做到的！

让我们再来温习一下从小耳濡目染的《龟兔赛跑》的寓言故事。

兔子和乌龟一起讨论到底谁跑得快，结果谁都不服输。于是，它们决定赛跑、比试，一决高低。

发令枪一响，兔子就一溜烟跑得无影无踪，乌龟只得一步一步缓慢爬行。

兔子跑着跑着，回头一看，早就将乌龟甩在后面了。兔子想，你这只乌龟也太自不量力了，敢与我们兔子比赛跑，无异于是拿鸡蛋碰石头，输定了。

兔子又跑了一阵，倦意袭来，心想：我快到终点了，乌龟却还在起点爬行，是永远追不上我的了，我先睡一觉又何妨？

于是，兔子在呼呼大睡之中，梦见自己越过终点，蝴蝶在为自己舞蹈，蜜蜂在为自己捧来鲜花，小鸟在为自己歌唱……梦越做越美，兔子睡得越来越憨，一觉睡到天黑，才向终点跑去，结果却令自己目瞪口呆：乌龟在自己憨睡之时，不停地努力爬行，绕过山坡，涉过溪流，绕过睡觉的兔子，竟然超越兔子率先到达终点，成为蝴蝶、蜜蜂、小鸟们心目中的英雄。

兔子与乌龟赛跑，本是没有任何悬念的：快步如飞的兔子必胜！然而，结果是谁也没有料到的，兔子因为在美梦中没有行动，让成功与自己失之交臂，反而是乌龟虽然行动缓慢，但它毫不气馁，一步一步总在行动，坚持到最后，却出乎意料地成了赢家。可见，成功的确是谁也无法帮助自己的，就犹如吃饭、喝水、行路一样，必须始于自愿自觉。当一个人动了成功的念头，认了死理，哪怕上刀山下火海，不达目的也会誓不罢休，而行动是获得成功的动力。无志之人固然可笑，但有志而不践行之人，在空想中白白耗掉自己的聪明才智，更令人惋惜。

不可否认，成功首先源于内心强大的动力，但若是没有坚持不懈的行动，一切只能是一种美好的愿望，是一种毫无价值的幻想，是一种渺如尘埃的打算。而目标能否实现、能否成功，在于一个人有没有像乌龟一样坚定不移的行动力，这是其中最关键的因素。因为行动就像食物和水一样滋润着我们的心，引导着我们走向成功。

成功，不是索要一块蛋糕那么简单，更不是别人切割了一块，属于自己的就没有了。成功的蛋糕是永远切割不完的，拥有无限可能，自己与其他切割了成功蛋糕的人毫无关系，最关键的是我们自己是否愿意去切。我们要有明确的方向和目的，自己若不行动，老天也是无法帮助自己！只有我们敢于为成功行动，才有获得成功的希望。

当然，当我们找到适合自己的目标，也只是成功了百分之一，而余下的百分之九十九，是需要靠我们的行动来实现的。因为没有行动，一切理想只是空想，就犹如捧着藏宝图若不去寻找，永远不会发现宝藏，藏宝图与一张废纸也就没有什么两样。

恒达广告公司以非常优厚的薪水招聘设计主管，求职者甚众。几经考核，有八位优秀应聘者脱颖而出。他们汇聚到了总经理办公室，进行最后一轮角逐。

总经理指着办公室内两个并排放置的高大铁柜，为八位应聘者出了考题——请回去设计一个最佳方案，不搬动外边的铁柜，不借助外援，一个普通的员工如何把里面那个铁柜搬出办公室。

望着据总经理称每个起码能有几百斤重的铁柜，八位精于广告设计的应聘者先是面面相觑，不知总经理缘何出此怪题，再看总经理那一脸的认真，他们意识到了眼前考题的难度，又都仔细地打量了一番那并排的两个铁柜，有人还上前推推外面的那个纹丝不动的铁柜。毫无疑问，他们感觉到这是一道非常棘手的难题。

三天后，七位应聘者交上自己绞尽脑汁的设计方案，有的利用了杠杆原理，有的利用了滑轮技术，还有的提出了分割设想……但总经理对这些似乎很有道理的设计方案根本不在意，只随手翻翻，便放到了一边。

这时，第八位叫王晓晓的应聘者两手空空地进来了，她是一个看着很柔弱的女孩，只见她径直走到里面那个铁柜跟前，轻轻地一拽柜门上的拉手，那个铁柜竟被拽了出来——原来里面的那个柜子是超轻化工材料做的，只是外面喷涂了一层与其他铁柜一模一样的铁漆，其重量不过二十几斤，她不太吃力地就将其搬出了办公室。这时，总经理微笑着对众人说："大家看到了，这位王晓晓设计的方案才是最佳的——她懂得再好的设计，最后都要落实到行动上。"

其余七位落选的应聘者都心悦诚服地向王晓晓祝贺，因为通过这次考试，他们真切地明白了——失败的理由可能会有许多，但成功的理由却只有一个，那就是行动远远大于想象。

没错，关于成功，谁都可以拥有无数美妙的设想，但最终抵达成功顶峰的，却是那些更善于行动的人。再宏大、再美妙的理想，一旦缺乏行动，就无异于痴人说梦。工作中有了很好的想法，有了很好的见解，只有付诸实施才有可能实现。如果没有实际行动，生活里只会唱高调，一切都等于零，一切都将无从谈起。只有目标而没有行动，这种想法和创意，即使绝妙无比，也只不过是虚幻一场的白日做梦，一切美好愿景只是空中楼阁而已！

工作中，即使看似很小的事情，如果不去行动，小事依然会浅搁。而成功，更需要我们去为之拼搏。因为每个成功者的桂冠，都是在充满坎坷的路上，一路披荆斩棘、用汗水换来的。如果见到困难就转身，见到风险躲着走，见到矛盾绕着走，行动就成了一句空话。只有坚持不懈，坚定地面对挫折设法去补救、去行动，我们才能走出迷茫的沙漠，永不言败，更不轻言放弃。

千里之行，始于足下。一切成功，都是以行动为根基，一层一层的积累，才能铸就成功。所以许多人说，理想是天空中翱翔的雄鹰，行动则是雄鹰的翅膀；理想是空中飞舞的风筝，而行动则是放飞风筝的绳索。行动是希望的沃土，养育成功之花，多付出努力的行动，心中渴望成功的理想，才会释放最热烈的光芒。

行动是土，积土成山；行动是水，积水成渊。行动是取得成功的关键，行动是战胜怯懦的勇气，行动是胜利的宣言，是延伸前进的航线。对每个人来说，成功的路有千万条，但如果不行动，就没有一条路可通向成功。

有志之人懂得，一旦认准目标，就立即行动，耀眼夺目的光辉，已洒在我们每个人开始行动的路上。

幸运只光顾持续努力的人

任何成功都不是一蹴而就的。人无论做什么事，都要脚踏实地，一步一个脚印，既不能无的放矢，也不能为图快而莽撞行事，当然更不能过于纠结小利，斤斤计较，患得患失，否则便会欲速则不达，事倍功半。

古往今来，功成名就者，有少年英雄，也有大器晚成者。这些人在成功路上都不是急功近利者，而是脚踏实地、坚定不移持续地朝着自己的目标前进的人，他们在遇到困难时，也是矢志不移，不放弃，努力解决问题的人。

一个人若不能脚踏实地、始终不渝地去努力，就永远不会有成功的机会。所以，朝三暮四、见异思迁，或一受到挫折就改变志向，终将一事无成。

很多人幻想甘甜的果实，却不愿付出艰苦的劳动；很多人盼望生命的辉煌，却不想经受磨难。然而，只有付出才会有收获，所以，人为了有所成就，一定要踏踏实实地去努力，敢于忍受寂寞、孤独，相信坚持才能胜利，世上没有“无用功”，不要轻言放弃。

山海关城楼上有块牌匾，上书“天下第一关”五个雄浑大字，这五个字很有来历。

据说，在明宪宗成化八年，镇守山海关的兵部主事奉命邀请名手为山海关东门城楼题匾，书写“天下第一关”五个大字。应邀的名手很多，但写出来的字都跟巍然屹立的雄关不相称，很多匾挂在那三丈多高的城楼上，不是显得纤弱、轻浮，就是笔锋呆板或繁赘。

这时，有人建议兵部主事请本地两榜进士、大书法家萧显写匾。兵部主事一时再无他人好求，只得带着厚礼去托萧显写匾。

萧显却提出条件说：“什么时候写好，什么时候送过去，千万不要催促。”兵部主事答应了这个条件，心想，反正五个字不多，一天写一个字，五天也就足够了。不料，20天过去了，一个字也没送来。兵部主事就派人打探动静。被派去的衙役回报说，萧先生还未动笔，每天都坐在书房里欣赏历代书法大家的真迹墨宝，背诵“飞流直下三千尺，疑是银河落九天”，还有“来如雷霆收震怒，罢如江海凝青光”等诗句，仍然没有动笔的意思。

一个月后，兵部主事心里着急，就亲自去探听消息。萧显的仆人说：“先生近来弃文习武了，每天在后院练功。”兵部主事赶到后院一看：果然萧显正侧着身子，拿根扁担，一头冲地比画，不像使枪，又不像弄棍。兵部主事一看，气坏了，便差人把萧显抓了起来，他正想用刑，京里来人传话说，上边限他三日之内把匾写好，否则就问他的罪。兵部主事对萧显不住地请求。

萧显叹了一口气说："蒂不落，瓜也难熟啊！我这么多天其实是在为写字做准备啊。"他让人用砖垒起一个垫台，把一丈八尺长的木匾靠在墙上；要求全衙的人一起动手磨墨；又叫人将他特制的加上长柄的大笔拿来。然后，他在匾前来回踱步，时而双眉紧皱，时而轻松地朝匾上打量。像这样徘徊了很久，蓦地把决心下定，探笔墨缸，饱蘸浓汁，疾步来到匾前，一侧身，把胳膊伸直，就像前些日子背扁担练功那样，长笔杆贴在背上，屏气凝神地背笔写起来。直到他落笔、提笔、运笔、按笔依次做完，才说："献丑了！"

兵部主事再看萧显大汗淋漓地站到一旁，"天下第一关"五个大字早已落在匾上。五个大字雄浑壮观，笔道似连又不连，粗细恰到好处，挂到城楼，气势磅礴。兵部主事终于明白前些日子萧显吟咏练武等不是为了消遣，原来是为了写此五个字而练的"功"。

欲速则不达，功到自然成，很多事情是急不得的。人只有平日积蓄力量，才能厚积薄发，才能有所成就，这是亘古不变的真理。所以，让我们多从练习做起，不断提高自己的水平，全面提升自己的素质，这样才能为以后的发展铺垫好基础。持续不断地奋斗努力，终会收获成功和幸福。

坚持可以创造奇迹

骐骥一跃，不能十步；驽马十驾，功在不舍。同样，成功的秘诀不在于一蹴而就，而在于你能否持之以恒。“咬定青山不放松，任尔东西南北风”，讴歌的就是这种坚持不懈的精神。

1987年，她14岁，在湖南益阳的一座小镇卖茶，1毛钱一杯。因为她的茶杯比别人的茶杯大一号，所以卖得很快，那时候的她总是快乐地忙碌着。

1990年，她17岁，她把卖茶的摊点搬到了益阳市，开始改卖当地特有的“擂茶”。擂茶的制作流程很麻烦，但也卖得出价钱。那时候的她依然为自己的小生意忙忙碌碌。

1993年，她20岁，仍是卖茶，不过卖的地点又变了，在省城长沙，由小摊点变成了小店面。客人进门必能尝到热乎乎的香茶，尽情享用后，他们或多或少会掏钱再拎上一两袋茶叶。

1997年，她24岁，十年的光阴里，她始终在茶叶与茶水间摸爬滚打。这时，她已经坐拥37家茶庄，遍布于长沙、西安、深圳、上海等地。福建安溪、浙江杭州的茶商们一提到她的名字，无不竖起大拇指。

2003年，她30岁，她最大的梦想终于实现了。“在本来习惯于喝咖啡的国度里，也有洋溢着茶叶清香的茶庄出现，那就是我开的……”说这句话时她已经把自己的茶庄开到了新加坡。

只有坚持不懈，才能成功。绳锯木断，水滴石穿。任何伟大的事业，成于坚持不懈，败于半途而废。

其实，世间最容易的事是坚持，最难的也是坚持。说它容易，是因为只要你愿意，就一定能做到；说它难，是因为能够坚持每天做的，毕竟只是少数人。

生活中的每个人都会面临这样的选择：是坚持不懈还是放弃自我，这样的问题常常困扰着我们。如果是弱者，不仅会选择放弃自我低头认输，而且还能找出很多理由说服自己；只有强者才会选择坚持不懈，哪怕最终失败也要搏上一搏。

经验的积累是一个长期艰苦的过程，没有毅力就很难取得应有的成果。人生没有捷径可走，奋斗的过程本身就是非常艰苦的。想要成功，就要永不言弃、坚持不懈地拼搏。

失败的时候不气馁，勇往直前；成功的时候不骄傲，继续奋斗。忘却昨日的一切，是好是坏，都让它随风而去。我们都应该坚持领悟生命的困惑和真谛。只有这样，在你到暮年的时候，回想起来，才会觉得没有虚度光阴，才会觉得自己的整个生命都充满价值。

正如爱迪生所言，在成功中，“天分”所占的比例不过只有1%，剩下的99%都是勤奋和汗水。

专心于一行一业，不屈服于任何困难，坚持不懈，就能造就优秀，这就是成功人士给我们的启示。

古往今来，人们成功的途径各异，方式不同，但差异中又隐藏着共性：成功在于坚持。有一个“一万小时定律”，是说人要想在某一方面有所作为，要能坚持一万个小时，相当于每天练习近三个小时，坚持十年。你能坚持吗？坚持下来了，你就会成为某一方面的专家。“古之立大事者，不唯有超世之才，亦必有坚忍不拔之志。”说的正是这个道理。成功源于坚持。成功者比别人的高明之处，就在于他们在坚持上一贯做得比别人好，垒土成高台，坚持利长远、增后劲。

一个辍学的孩子到城里寻活干，找到份替快餐店送“外卖”的工作，每月工资不高，但很辛苦。他有过许多新伙伴，但他们都干不长，少则一个月，多则三个月，都受不了那微薄的工资而“跳槽”了。

他干了八年，从一个少年长成青年。远近市场的商贩们几乎全认识他。

他辞去了快餐店的工作，开了一家家政服务公司。家政服务公司竞争激烈，但是他的公司却生意爆满。原因很简单，他在送外卖的八年中，认识了几千位生意人，生意人是城里最需要家政服务的群体，而他给他们留下了最好的印象。

当他在城里开起第四家连锁公司，资产像滚雪球一样膨胀的时候，认识他的人都觉得不可思议：一个送外卖的孩子，怎么可能单枪匹马在无缝可钻的市场中脱颖而出？他自己说："很少会有一个人送八年的外卖，只要坚持下来就可以出头了。"

很多人都有积极行动的勇气，却缺乏坚持等到胜利果实到来的耐心。当然，坚持并不是一件容易的差事，坚持的过程往往需要成本，也需要面对猜疑和自我怀疑。人必须常常提醒自己，今天付出的努力，不见得在明天就能看到效果和回报。成功需要耐心，需要心无旁骛，一心一意，厚积薄发。如果你想事业有成，不管未来怎样变迁，最好的选择就是做好自己目前的本职工作。当你全身心地投入到工作中去了，机会和成功也就离你不远了，人生的精彩更是离你不远了。

在生活中，每个人都应有自己做人的目标和方向。在实现目标的过程中，能否坚持下去尤为关键。有的人能按照自己的目标持之以恒地努力，最终获得成功；有的人却三天打鱼两天晒网，做什么都没有耐心，结果一生平庸。坚持是世界上最容易做的事，也是最难做到的事。

爱迪生说："许多人在放弃时，不知道自己离成功有多近。"这就如同有的人打井，当打到接近水源的时候，他放弃了，其实他只需要再往下打几米，水就会出来了。每个人都想成功，可是往往在未攀上顶峰之前就退下来了。所以，当你遇到困难想要放弃时，一定要鼓励自己再坚持一下，也许下一步就接近成功了。

第四章

走过曲折才能与你渴望的人生相遇

坚持下来，才知道自己能走这么远的路

只要你留意身边的成功人士，你会发现他们都有一个共同的特质，那就是他们都坚信只要持续努力下去，自己一定会成功。这就是“坚持的力量”。

孙中山曾说：“吾心信其可行，则虽移山填海之难，终有成功之日；吾心信其不可行，则虽反掌折枝之易，亦无收效之期也。”孙中山本着这样的信念，历经数次革命，终于推翻清政府。“坚持的力量”缔造了一个时代。

多年以前，在日本京瓷滋贺县的工厂里，有一位工人，初中学历。本来他似乎没有什么发展的可能，因为他的低学历限制了他，但是他拥有最好的品德之一——持之以恒。

每当上司教他怎么做时，他总是一一记下。只要是上司布置的工作，

他总是日复一日，不厌其烦地认真完成。他不显山不显水，一直默默无闻，无牢骚，无怨言，兢兢业业，孜孜不倦，持续着单调而又枯燥的工作。

20年后，这么默默无闻的一个人，居然当上了事业部部长。令人惊奇的不仅是他的职位，而是在言谈中体会到，这位工人，已经是一个颇有人格魅力且很有见识的优秀领导。他本来看上去毫不起眼，但是认真和努力，再加上持之以恒，让他从“平凡”变成了“非凡”，这就是“坚持的力量”。

有一句英文谚语是这么说的：“Failure is an event，not a person。”意思是这世上只有失败的事，没有失败的人。事情之所以失败，往往是因为没有坚持。

第二次世界大战时期，丘吉尔应邀在牛津大学的毕业典礼上发表了一场世界上最短又最有震撼力的演讲，整个演讲他只说了三句话：“不要放弃，不要放弃，永远永远不要放弃。”

农民春耕秋收，其间要付出许多辛苦，作物才会成熟。学生要经过多年的苦读，才能求得知识，得到毕业证书。主任要升为经理不但要做好分内工作，还要付出许多额外的心血。运动员要登上冠军宝座，必须付出很多的汗水和泪水。可以肯定地说，无论你从事哪一个行业，只要付出得够多、工作够努力，迟早都会有成果。

很多人之所以失败，就是因为没有坚持。

人生在世，每个人都渴望成功，都希望过上更舒适、更富有的生活。

我们身边常有人做着一夜成名、一朝暴富的美梦。大多数人都会梦想着能改变自己不如意的现状，改变自己的命运。但现实生活中，大多数人终其一生，都没有找到自己所要追求的东西，都没能如愿。为什么都是头顶同样的蓝天、脚踏同样的大地，而有的人能成功，有的人却长久徘徊，停滞不前？成功的奥秘到底在哪里？能够实现愿望的成功之人，在工作中就一定会比平庸者付出更多的汗水吗？其智商一定高于没有成功的人吗？

其实不然，社会研究学家表明：人与人之间的智商并没有太大差别，人与人之间的成就和生活质量产生天壤之别的根本，在于思路的不同。

面对同一件事情，因为每个人的思路不同，看问题的角度不同，解决问题就会有着不同的方式方法，也就有截然不同的出路。这也就是人们常说的，有什么样的思路，就会有什么样的出路。只要我们在工作或生活中，善于将消极思维变成积极思维，并积极付诸行动，就会有宽阔的发展天地。

对绝大多数平凡人来说，思路决定一个人甚至一家人的出路；对决策高层来说，思路则决定一个组织、一个地方，乃至一个国家的出路。因此，我们要善于给自己制造想象的发展空间，更要抛却消极思想，拓宽思路，一旦我们认为自己可以做到，那么心底便会爆发出成千上万个能做成的声音，就会得到千万个人的支持。

确立目标，迎接挑战，思路一变，带来了智慧、机会和效率，重获崭新的辽阔天地。

炼化公司是全国有名的央企，但长期以来由于受计划经济的影响，产品结构单一、技术创新不足，再加上负债过重，企业陷入困境之中，甚至面临倒闭。

新上任的汪来顺总裁经过调研、取经，决定调整思路：将全公司“平均分配”的思路，转变为“能者多劳多得”，提出要在维修厂、机电仪厂率先实行市场模拟运行的经营管理模式，极大地调动了全员工作的积极性和主动性；转变“大家大业”的思路，优化资源配置，从全局统筹、精确测算，在对装置和输送过程中的风险进行识别的同时，强化员工操作培训；转变“模糊管理”的思路，严格流程控制，保证计量工作的到位。

公司管理思路的转变，收获了效益的提升。第一季度，炼化公司加工原油超出计划 0.67 万吨，实现营业收入 103.2 亿元，所有员工欢天喜地奔走相告：汪总裁的思想一变，不仅使公司起死回生，还让所有员工丰衣足食。

汪来顺思路的转变，使一个濒临破产的企业，起死回生；对个人，对一个家族产业而言，又何尝不是思路转变后，天地才宽。只要我们善于抛弃消极思维，使自己拥有成功的欲望，就会想方设法寻找到使自己成功的钥匙。而思路正是一切正确策略与方法的起源。我们身边许多人之所以没能做得更好，关键的因素就是没有改变自己的思路，或者是懒于改变自己的思路，或者是根本就不想改变自己的思路，才会将自己局限于一片狭窄的天地自怨自艾。打破常规的陋习，敢于改变自己的思路，会带给一个人前所未有的智慧、机会和效率，使自己获得广泛的人脉、广泛的发展空间，让自己走上一条成功的康庄大道。

作为一个自立于职场的人，懂得不要把希望完全寄托在父母给自己铺路之上，也不要把希望完全寄托在子女身上。而要把希望寄托在你自己身上，寄托在现在，从现在开始，改变思路。靠自己有勇气抛弃消极，拓宽思路，勇于改变，走出一条属于自己的路，就会发觉前方的天地越来越宽广，越走越远！

路虽远，行则将至；事虽难，做则有成！只要我们想了就去做，只要我们根据既定目标，学会积极地调整、拓宽自己的思路，眼前的天地也会随之变得宽广，也就没有什么能阻拦我们迈进成功的大门。

哭完了，就爬起来继续奋斗

生活中，我们与其抱怨这抱怨那，不如打起精神努力前行，将愤愤不平、阻碍成功步伐的沮丧，变成心平气和、勇敢地面对，在豁达之中，让自己的命运在拐弯处，遇到一片碧空蓝天。

人的一生难免会遭受很多的苦难，无论是与生俱来的残缺还是惨遭命运的不幸，唯有在面对苦难时，自强不息，才能赢得愉悦、赢得成功、赢得幸福。一切都会过去，灿烂的日子终会来临。让我们平静地享受这属于自己的生活。

卡瑞沙发生过严重车祸，她被一辆汽车撞飞。医生告知她以后可能再也不能走路，但如今的卡瑞沙却依靠自己的力量成为一名模特。

卡瑞沙的腿在车祸中受到严重创伤，“我感觉到血浸透了我的衣服，骨头碎片似乎要撕裂我的皮肤。”卡瑞沙一周有三天都要进行自己的促销工作，骑着平衡车在街头发些传单。出车祸后，她被紧急送到医院，因为有金属杆插入了腿部，医生认为她有可能无法再走路。卡瑞沙的腿部从膝盖到脚踝的部分被植入了钛棒，这样可以保证骨头愈合，“我的腿看起来非常诡异，医生也不知道未来会长成什么样。”

回到家后，卡瑞沙一度卧床不起，生活完全依靠轮椅和妈妈。有朋友建议她继续捡起大学时学的会计，但是她一直不愿意放弃自己的模特梦想。

车祸后的一年里，卡瑞沙一直坚持恢复训练。但是，她一直觉得腿中的钛棒让她无法跑步或跳跃。医生不建议她再做手术，但卡瑞沙还是决定冒险。车祸两年后，卡瑞沙腿中的钛棒被移除，尽管一段时间她的膝盖十分脆弱，重新踩上高跟鞋也非常困难，但这离她的梦想又近了一步。“我的医生让我放弃，但是我没有。我想要鼓励其他人，永远不要放弃追逐自己的梦想，你比任何人想的都要强大。”

抱怨的情绪，无非是在白白浪费光阴，而努力打拼则会将生活中的琐碎烦恼在忙碌充实的脚步之中抛向九霄；将阻碍自己前进的绊脚石踢得远远的。因为成功不会辜负一个善于付出的人；前方的路，永远向抱怨者关闭，而向奋斗者敞开。

海底有一粒沙子，总是哀叹自己实在太平凡了，常常幻想能够出人头地。有一天，它遇到了一颗璀璨的珍珠，立刻被珍珠那闪耀的光芒和美丽所折服，羡慕不已。珍珠告诉沙子原本它们是同伴，只因它钻到了蚌壳里很长时间，才磨成珍珠。

于是，这粒沙子迫不及待地寻找到一个蚌，钻到了它的壳中，开始了美丽的梦幻之旅。不料，没过多长时间，这粒沙子就对这种无聊的日子厌倦了，并且在蚌壳里被挤压、被摩擦，接踵而来的痛苦不断折磨着它，终有一日，沙子忍不住了，一边痛骂珍珠欺骗了它，一边愤愤地离开了蚌壳。最终，这粒沙子没有变成珍珠，依旧是一粒随处可遇、随时都在抱怨情绪中度过的平庸沙子。

我们每个人，都平凡得如同一粒沙子，心里有梦，却都害怕失败，都会在失败面前，情不自禁、心情沮丧地去抱怨命运不公，去抱怨机遇不好。其实，换一种心态想想：失败乃成功之母，失败的经验和教训，都是为我们下一刻的成功在做准备，就看自己是否愿意继续努力了。

“天将降大任于斯人也，必先苦其心志，劳其筋骨，饿其体肤，空乏其身，行拂乱其所为……”我们成长的历程，如同一次次的赛跑，我们不断抵达了一个又一个终点，又不断踏上一个又一个起点，生活的道路上尽管会布满荆棘，但不管是面对困难还是遭遇失败，我们都要学会无怨无悔地从跌倒的地方再站起来，继续前行。决不做半途而废的沙子，而选择做一颗持之以恒、磨炼不息的珍珠。

有两只青蛙不小心掉进一户人家的奶桶里。一只青蛙想：“完了，全完了！这么高的桶，我永远也跳不出去了。”于是，这只青蛙很快就沉入桶底；另一只青蛙看见同伴沉没了，并没有沮丧、放弃，而是不断地告诫自己：“我有坚强的意志和发达的肌肉，我一定能够跳出去。”这只青蛙一次又一次奋起、跳跃，不知过了多久，它突然发现脚下的牛奶变得坚实起来了，原来，经过它反复的踩踏和跳动，液态的牛奶已经变成了奶酪！这只青蛙轻盈地从奶桶里跳了出来，获得了生存的机会。

我们喋喋不休地抱怨世道不公，为什么自己不多做出努力呢？明知道天上从不会掉馅饼，不撒播种子的土地从来不会发芽。我们自身为什么不多些奋发努力？只要在追求中，坚信自己是一块金子，只有通过坚持不懈地擦拭和挖掘，学会面对困难，应对困难，解决困难，沉着应对生活中层出不穷的麻烦，才能给自己带来希望和成功。

奋斗能让我们心平气和地接受当下的困境或失败，把所有的热情和心思，都投注到努力工作中，不让大把的时间在抱怨中浪费，不让抱怨耽误自己解决问题的良机。努力而踏实的付出，即使掺夹着辛酸与苦辣，也会在自己的努力之中，变成一道色香味俱全的精神大餐，使我们能汲取有益的营养，获得幸福。

飞扬的心不会惧怕逆境和困难

一个人如果在任何情况下都能勇敢地面对人生，无论遭遇什么都依然能保持拼搏的勇气，保持不屈的奋斗精神，那他就是生活中的勇者。

人生不可能一帆风顺，难免会有磨难。每个人都可能会有环境不好、遭遇坎坷、工作辛苦、事业受挫的时候。没有勇气、不够坚强的人，当逆境来临时，就会匆匆结束这次“旅行”，提前承认自己的失败；而如果我们足够坚强，就会明白，我们就是为经历这些逆境而来，我们必须磨炼意志，使自己变得坚强勇敢，具备刚毅的性格，能够经得起生活的各种磨难。

有些人在失恋、失学、疾病，或工作中的挫折、失败，以及生活中的其他不幸事件的打击面前，往往一蹶不振，精神崩溃，把自己弄到十分可悲的地步，他们之所以会这样的原因之一就在于缺乏勇敢刚毅的性格。

其实，没有一个人生来就是勇敢的，也没有一个人不能培养出刚毅的性格。不要神化勇者，更不要以为自己成不了那种如钢铁般坚强的人。普通人所有的犹豫、顾虑、担忧、动摇、失望等，在一个强者的内心世界也都可能出现。刚毅的性格和懦弱的性格之间并没有“千里鸿沟”，刚毅的人不是没有软弱的时候，只是他们能够战胜自己的软弱。

无数成功的例子告诉我们：人在面临艰难困苦时，不要失望，而是要拿出勇气来，坚强面对。一个人如果能做到心无旁骛，精神集中，最终往往会走向成功。在人的一生中，苦难其实有许多好处，只是它们很少为人所察觉。比如，苦难是了解自己内心世界的镜子，可以使人挖掘出自己的潜力，而这种潜力在顺境中往往处于“休眠”状态。有一位哲人指出：“一个人，从出生到死亡，始终离不开受苦。宝剑不磨砺就不能发光。没有磨炼，人就锻炼不出勇敢刚毅的性格，他的人生也不会完美，而生命热力的炙烤和生命之雨的沐浴会使他受益匪浅。”

很多人也许不知道：当人在遭受煎熬的时刻，往往也正是生命中有最多选择机会的时刻。任何事情的成败都取决于人寻求帮助时的态度，取决于人是“抬起头”还是“低下头”。假如你放弃了追求，那么机会也就永远失去了。而实际上，事情的成败并不是不能改变的，关键在于你是否有勇气选择在逆境中接受苦难，并振作精神，从中找到成功的“萌芽”。

成功的本质就是不断战胜失败的过程。任何一项事业要取得相当的成就，都会遇到困难，都难免要犯错误，难免会遭受挫折和失败。例如，在工作上想搞改革，越革新矛盾越突出；在学识上想有所创新，越深入难度越大；在技术上想有所突破，越攀登阻力越多。法拉第说：“世人何尝知道，在那些通往科学研究工作者头脑里的思想和理论当中，有多少被他自己严格地批判、非难地考察，而后默默地、隐蔽地扼杀了。就算是最有成就的科学家，他们得以实现的建议、希望、愿望以及初步的结论，也达不到1/10。”这就是说，即使是世界上一些有突出贡献的科学家，他们成功与失败的比率也大概是1：10。因此，在迈向成功的道路上，能不能经受住错误和失败的严峻考验，是一个十分关键的问题。

由于出现错误、遭受挫折和失败，有人犹豫徘徊，半途而废；有人唉声叹气，畏缩不前；有人悲观失望，自暴自弃。要知道，错误和失败并不会因为人们的不快、悲叹、惊慌和恐惧而不再“光临”。相反，怕犯错误，怕遇失败，人往往会犯更大的错误，遇到更多的失败。所以，对待错误和失败应该有勇敢刚毅的性格和态度。

错误和失败是对人的意志的严峻考验。不明智的人，在成功面前会骄傲自满；保持“清醒”的人，却能在失败面前更加锻炼自己的意志。

人在逆境中的表现是对人是否成熟和气质优劣的最好的检验标准。失败就是锤炼人意志的燧石，会让人在一次又一次的敲打之下“闪闪发光”。那些献身于人类伟大事业的创造者，在接连不断的挫折和失败面前，不但没有被压倒，反而变得更加坚强，表现出了坚定不移向着既定目标前进的英勇气概，失败让他们变得更为卓越。

人经历一次磨难，就如同经过一个黑夜，会迎来一轮新的朝阳，获得人生的一个新起点。磨难会使人充满勇气，使人变得刚毅，使人抛弃骄傲，使人挺直脊梁。每个人都是自己命运的主宰，无论是在逆境中还是在顺境中，人生之舵都完全由自己掌控。没有挨过冻的人不知道衣服的温暖，没有挨过饿的人不知道饭菜的美味，只有那些从磨难中走过来的人才懂得珍惜成功。

勇气在人的精神世界里是挑大梁的“支柱”，没有勇气，一个人的精神大厦极有可能坍塌。

勇气是力量的源泉，刚毅是胜利的基石。失败并不可怕，可怕的是因挫折而畏缩，丧失了向前的勇气。自古以来，不以成败论英雄，而以勇敢视豪杰。什么是勇者？敢于面对挑战、敢于应对挫折的人就是勇者。

所有的伤痛都值得欣赏

我们生命中的痛苦，常常扮演着“不速之客”，令人防不胜防，有时如漫漫降临的黄昏，有时犹如狂风骤雨、雷霆万钧，在“不请自到之中”，令我们陷入无边无际的黑暗、恐惧，甚至绝望之中。当我们屈服于这些痛苦、舍不得放下之时，只能是深感沮丧而潦倒，甚至在绝望中觉得万念俱灰，伤人害己。

我们之所以有痛苦，就是因为每时每刻都背负着欲望和想法，舍不得放下我们抓在手里的东西。见物喜物，见人喜人。一如我们买了个新房，开始嫌房间太空就疯狂地购买东西，等到多年以后，突然觉得，这个房间被自己堆得像一个小胡同了，感觉特别压抑，想扔些东西出来。结果呢，扔这个时，觉得太有纪念意义了，留下；扔那个时，觉得扔了以后就没有了，还是留着吧。最终，自己哪个也舍不得，于是就只能忍受狭小的空间，忍受压抑的生活。

人生路上有得有失本是常情，即使失去了，就不属于自己，我们只有承担过去，告别过去的痛苦，生命才会犹如开水中沉沉浮浮的茶叶，整个舒展开来，焕发出迷人的茶香。放松心情，心胸就会豁然开朗，怀揣一颗平淡从容的心，我们就会变得坚强自信，过去的痛苦就变成了一笔巨大的财富。

倒油、下面、翻炒……几分钟后，一盘冒着热气的炒面出锅，而与其他摊位不同的是，手握锅勺的是一只完全扭曲变形的手。

每天下午 4 点到第二天凌晨 4 点，在老山广场旁，人们可以从王力川的路边摊位买到一份炒面。因患小儿麻痹症，王力川双手残疾，但依然每天出门摆摊赚取收入。他将向内弯曲了近 90 度的双手搭于胸前，左手拇指与其余四指紧夹着一柄粗长的大勺，晃动着身体，依靠手臂甚至整个上肢的力量，用大勺在一口锅内不断翻炒。翻炒过程中他一边与顾客交流，一边用左手向锅内添加各种调料。翻炒完毕后，炒面被盛到盘中。

王力川只能勉强依靠左手工作，右手几乎丧失了控制能力，他顽强拼搏，自力更生，用自己的力量创造自己的生活。

几乎没有人一生都是幸福的，从来没有痛苦过。我们对幸福的感受、对生活的认识，正是在痛苦中，有一个不断成熟和完善的过程。但是，我们不能让过去的痛苦，成为自己前进路上的包袱，成为人生路上的一种羁绊，一而再，再而三地被过去的痛苦击倒。

我们面对的世界，万事万物总在千变万化，我们只有放下令自己痛苦的过往，理智地觉得过去的得失已不可能重新再来，才会静下心来，在生机勃勃的新事物中，领悟到新的机会，新的考验，不断更新自己的能力，面对未来，智慧地领悟机会的契机如同植被一样广茂，只要自己愿意重新开始，愿意接受当下的挑战。

告别昨天令自己痛苦的事情，才会惊喜地发现，我们已经远离了伤心、失望、畏缩、彷徨等所有消极情绪，逐步积累和把握各种机会的学识和能力，愈挫愈勇、推陈出新。挺直胸脯，鼓励自己，谁也不能将我们击垮。面对未来，我们可以做得更好！

走出曾经令我们深感痛苦的陷阱，告别曾经的负荷，让心归零，轻松上路，开始创造新的生活。

一切不如意都隐藏着激励你奋发向上的含义

我们每个人到底是为什么活着？一百个人有一百个答案，一亿个人也许有一亿个答案。

不为过去的得失念念不忘！语句简单朴实，通俗易懂，但蕴含的哲理却十分深刻：我们的过去，无论好坏，无论我们再怎么后悔，再怎么怨恨，再怎么惋惜，都是徒劳，再也挽回不了，既然过去已经成了不可补救的事实，我们又何必为过去哭泣、抱怨，又何必再把宝贵的时间和精力浪费在无法挽回的事情上呢？

我们每个人在“过去”都难免会失败或做错事，但丧气、难过对已发生的事根本无法再改变，我们要做的只有让过去成为一个教训，一个借鉴的经验，吸取好的营养，以更好的实际行动来赢得将来。

喜欢回忆过去的人，常常会沉溺在过去的臆想中，有些记忆或许美轮美奂，就犹如粉饰在岁月长河里的月亮；有些记忆如同临产的阵痛，但不管是花好月圆，还是曲终人散，过去就是无法改写的一页历史，久溺其中当成经验之谈，或当成一种教训，都只会换来对生活现状的不满，对将来的迷茫；喜欢回忆在过去的人，总会被许多苦恼和小事情所困扰，在心神不宁中毫无斗志和目标，也使自己每天笼罩在悲愤郁闷的氛围之中。因此，我们必须砍断那些不必要的念想，摒弃蜷缩在过去不肯继续往前走的那个自己。每个人的每一天，都是新的开始，我们不应回顾过去，而应该好好把握将来：我们只有断绝过去，才会以新的姿态迎接新一天的到来，才会每时每刻都令自己进入新的征程，这样积极的风范，才会铸造积极的将来。

智者不会在同一个地方跌倒两次。何必沉浸在痛苦的深渊里呢？

过去的爱恨情仇、所得所失，都如同流入河中的水，是不能取回来的。过去的俨然都已经成记忆，一个人留存的记忆越多，就会发觉伤感越来越多，记忆越来越鲜活，越容易铸造思维的牢笼，使我们新的人生履历久久翻阅不动。我们只有勇于承认失败的事实，跳出烦恼的深渊，不必为过去忧虑和悲伤，不必为过去再流泪痛苦，从容丢弃那些不能让我们获得的过往事情，坚强选择活出精彩的未来。

一场持久不息的瘟疫，使张华拼搏了八年、苦心经营累积的2000万资产，打了水漂，“养鸡大王”的声誉沉入湖底。

痛定思痛之后，张华决定重新开始。他觉得“养鸡大王”的光环已属过去，瘟疫的打击也同样属于过去，无论是过去的成功光环，还是过去瘟疫带来的失败惨痛，都不能解决他当前的困境，他必须抛掉经历过的一切，才能着手眼前的事务，重新掀开新的人生履历。

张华从眼前失败的境遇中清醒过来，开始着手处理堆成山的死鸡，给鸡室消毒，拆除千亩鸡房，让鸡房暴晒在阳光之下，彻底告别过去，彻底告别瘟疫。

得知洋葱能防瘟疫，张华从外地引进良种，将千亩养殖场变成千亩良田，大量栽培洋葱。

不过一年时间，喜获丰收的洋葱，收益就达到4000万元，是张华养鸡时收益的两倍，张华摇身一变成为当地的“种植大王”。

张华由“养鸡大王”到“种植大王”身份的巨变，就在于他拥有一股不为过去生，只为将来活的勇气，不让过去的光环罩住自己，不让过去的打击捆住自己，积极进取，重新拥有更有保障的将来。

我们每个人一旦拥有只为将来活，不为过去生的信念，就会懂得无论过去自己是如何风光，如何幸福，但生活无常，世事变迁，我们只有积蓄更多的智慧和能力，在漫长的人生中，使我们不必再纠结过去的得失而失落，不会为过去的错过而哭泣，不会因为失掉了过去而失去现在、失去将来，才有可能在将来创造丰功伟绩。

我们每个人只有抱定只为将来活，不为过去生的远大目标，才不会在缅怀过去之中，去追求一些不切实际的东西，直到把拥有的也失去了，方才后悔莫及，才会以真诚的心、宽广的心、感激的心对待过去，以积极的心、进取的心、实干的心对待现在，将来才会以灿烂的笑脸和热情的怀抱迎接自己的成就。

我们一旦确定为将来而活，内心就会平和地充满阳光，在当下发挥我们的潜力，让一点点的快乐，一点点的拥有，踏踏实实构筑起我们将来厚实的地基，才不会让过去成为一种虚妄的经验之谈，而花费大量的精力去小心翼翼地保护这种愈来愈缥缈、愈来愈不真实的光环，让它最终变成一道无法跨越到将来的鸿沟而使自己止步不前。

世间的万物都是在变化之中的，世间的万物都在不断更新，我们只有为将来而活，不沉溺于过去的泥潭止步不前，才能不断推陈出新，勇于接受改变，重新激发斗志，去创造璀璨的将来，这也是每个人挥别过去的智慧选择，是重获新生的再塑，是重启将来凯旋之歌的展望。

不要害怕挫折，那是成功的前提

《红顶商人胡雪岩》一书中有一段被业界认为非常经典的话：如果你拥有一县的眼光，那你就可以做一县的生意；如果你拥有一省的眼光，那么你就可以做一省的生意；如果你拥有天下的眼光，那么你就可以做天下的生意。同样地，美国著名企业家洛克菲勒也说过一句话：“眼光决定财富。”

这些话听起来似乎有些玄乎，一个人的眼光，有那么重要吗？然而，千百年来的经典事例却证明：这是实实在在的真理。

一个人的世界是什么样子，取决于自己用怎样的眼光看世界，如果你总是用消极的眼光来看世界，凡事怨天尤人，那你的整个世界就会输给抱怨；如果你看世界的眼光是积极的，那你所拥有的世界当然也是积极的。

眼光，是一个人对待事物的一种驱动力，不同的眼光，将决定我们不同的人生态度，将产生不同的驱动作用。积极的眼光，会产生积极的态度，产生积极的驱动力，注定会收获一个美好的结果。反之，与消极的态度对应所产生的，也将会是消极的驱动力，注定会得到消极的结果。所以，我们只有用积极的眼光看世界，把正能量、正确的方方面面扩展开来，才会发现世界原来精彩无限。

青年时期，立志报效祖国的张弥曼响应国家号召，积极投身地质学这一国内几乎是一片空白的学科，报考了北京地质学院，以期为祖国寻找矿产资源。录取后被分配到古生物系的张弥曼有些惴惴不安，在此之前，她对这门学问一无所知。但此后的几十年内，张弥曼却全身心地扑在这个对平常人而言神秘而枯燥的学科上，数十年如一日。

张弥曼每年有好几个月在全国各地寻找化石，常常是一个人一根扁担挑着被子、锤子、化石纸、胶水，跋涉在荒山野岭间，身上的行囊最重时达到35公斤，还要走20公里的山路。有一次在山里考察，条件艰苦，睡觉时垫的是稻草，盖的是发霉的烂棉絮，40天无法洗澡，回家时身上已经长了不少虱子。虽然艰苦，但张弥曼从未退缩。“我一直坚持自己采集化石，自己修理化石，自己给化石拍照，自己研究。”化石对她而言，仿佛蕴藏着巨大的吸引力。她对化石着了迷，再苦再累也没有回头。

在大庆油田开发之初，刚参加工作的张弥曼根据地层中的化石样本，准确提出石油的成油地质时代，为地质专家在寻找油层时提供了科学依据。此后，随着大庆油田里第一股石油从地下汩汩而出，张弥曼的观点也被随之证明并引起轰动。

胜利油田开发时，张弥曼发现海洋曾经覆盖那一区域两次，因而成油地质时代也会与普通油田有所不同，这一观点又为胜利油田的顺利开发提供了依据。

如今，张弥曼是中国科学院古脊椎动物与古人类研究所教授、中国科学院院士、英国林奈学会外籍会士、瑞典皇家科学院外籍院士，获得联合国教科文组织2018年度“联合国教科文组织杰出女科学家奖”。联合国教科文组织在提名声明中称：“她创举性的研究工作为水生脊椎动物向陆地的演化提供了化石证据。”

大到一个民族、一个国家，小到一个企业、一个家庭，肯定都会有其丰富、丰盈、温馨等吸引我们的积极一面，但也难免存在令我们深感一时还无所适从的消极一面。这就需要我们用积极的眼光去对待：生活中、工作里，尽管会有很多不合理之处，可我们应该看到社会、职场整个管理风格的改变，我们用积极的眼光看待生活、工作中的种种困难，用正确的心态对待，用积极的行动去补救，展现在我们头顶上的，则会是一片蓝蓝的天。

我们要用积极的眼光、包容的心态看世界，使自己获得信心，激发斗志。

在我们每个人的生活或工作中，无论当下遇到多么令自己沮丧、悲痛，甚至是屈辱的事情，永远都要学会用积极的眼光看世界，始终坦然承担无法避开的挫折，遇到他人的求助时，积极主动地伸去援助之手，在为他人做出自己力所能及的贡献中，修补自卑自怜的阵痛，在体现自身价值的同时，也会收获一个开满鲜花的人生。在全身心地投入事业中，唤起自己的激情，让眼前的困难在自己面前变得渺小，就像太阳，无论走到哪，都会照亮阴暗，将消沉的意志转化为力量，力排眼前的困难，让心中溢满的阳光，折射到自己的周遭，感动身边的人，带动身边的人，让自己的整个世界充满希望。

职场中，也许有很多的工作没有人安排我们去做，也许有很多的职位空缺，我们只有在积极的眼光中，调整积极的心态，积极主动地行动起来，不仅锻炼自己的能力，同时也为自己争取职位积蓄了力量，增加实现自己价值的机会，我们才会在与各种各样的人打交道、遇到各种各样的事情时，包容他人不同的喜好，包容他人不同的为人处世风格。懂得在当今这个充满激烈竞争的年代，我们今天的事业、我们的人生，不是上天安排的，而是我们以积极的态度去争取的，将痛苦的体验、危险的障碍化为寻找到信心的斗志，那么许多呈现在我们面前的事情，将是五彩缤纷、多姿多彩、健康向上的，从而会使我们在美好的心情中，感受到这个世界的美好和可爱。

心态积极的人，即使遇到再糟糕的事情，也觉得这是一次锻炼自己魄力的好事，取下权衡他人的有色眼镜，擦亮友爱的眼睛，发现生命之美，发现雨后彩虹，发现亲情之美，发现世界之美，让灿烂的阳光照亮自己的前程。

只要我们具备积极的心态，就能把好的、正确的扩展开来，同时在第一时间投入进去，唤起自己的激情，使困难在自己面前变得渺小，让阳光在自己眼前光大，我们收获的才会是一个开满鲜花的人生。

第五章

心中有路，走到哪里都是征途

在激情的奋斗中塑造出最好的自己

假如一个人失去了奋斗的激情，那么永远也不可能有所成就，更不会拥有成功的事业与美满的人生。因此，想要打拼出一番事业的人们，从现在开始，对你的工作付出自己全部的奋斗激情吧！

“带着奋斗的激情去工作”是我们应有的状态。“带着奋斗的激情去工作”体现的是一种“状态”，是蓬勃向上的朝气、攻坚克难的勇气、昂扬奋进的锐气。这种“朝气”“勇气”“锐气”，就是我们的奋斗激情。在工作中我们是否倾注了激情、倾注了多少激情，就会有不同的工作状态。激情是一种可贵的状态，“带着奋斗的激情去工作”是我们工作中应有的状态。

很多人都知道电视剧《士兵突击》里忠厚老实的许三多说的那句话：“不抛弃，不放弃！”简简单单的六个字告诉人们，只要抱着不抛弃不放弃的信念，永远保持为梦想奋斗、拼搏的激情，就一定能获得最终的胜利。

相比电视剧中的许三多，其扮演者王宝强的个人经历似乎更能阐释这六个字的真正意义。

王宝强出生于河北农村一个普通的家庭，自小喜爱电影，对电影有一种近乎狂热的喜爱，立志要当一名演员。八岁时，王宝强决定到少林寺学武。

初到少林寺的他，每天都要起早贪黑地练武，真可谓冬练三九，夏练三伏，这使他练就了一身过硬的功夫。在少林寺的六年中，王宝强只在过年的时候回过家，但是，小小年纪的他，却从来没有因为苦、因为累就放弃自己的梦想，甚至从来不在父母面前提一句自己受过的苦。

到了2000年，他怀揣500元钱来到北京。在北影厂门口，他蹲了半个月才等到第一个群众演员的角色，可是过了很长一段时间也没等到下一个角色。在一无资源、二无背景、三无学历的情况下，他依然坚持自己对演艺事业的热爱，心中对于表演的激情从来没有消退过。他一边在工地打工，一边揣摩表演技巧，一有空就坚持跑到北影厂门口“蹲活儿”，并且不断地往剧组里送照片。正是这种对表演的热爱，对梦想的坚持，永不消退的激情，让他在2002年碰上了职业生涯的第一个机遇——被导演挑中出演《盲井》。

初次担任主演的王宝强非常珍惜这难得的机会，并以一种超越自我的激情倾心投入演出，他认真倾听导演的讲解，导演让下矿井就下矿井，让撞墙就真撞墙。为把一句台词念好他不止十遍百遍地练，不管什么事情都实打实地往好里做。付出总有回报。凭借在《盲井》中的出色表演，王宝强获得了法国第五届杜威尔电影节“最佳男主演”、第四十届金马奖“最佳新人”以及第二届曼谷国际电影节“最佳男演员”。之后，王宝强的演艺事业踏上了高速路，相继出演了电影《天下无贼》和让他登上了演艺事业顶峰的电视剧《士兵突击》。

这便是带着奋斗的激情工作的作用，因为工作有了奋斗激情，我们的干劲就会越来越足，工作也就能够做得更好。而工作做好之后，我们又会有更多的激情去做事，这将会形成一个良性循环。

任何一个企业都需要有激情的员工。因为激情可以感染人、带动人，给人力量和信心。把激情投入到工作中，就能创造出高效。

对工作充满激情的人，大多能获得高效的业绩；一个缺乏激情的员工，在事业上将会毫无作为。

著名人寿保险推销员弗兰克·贝特格在他的自传中，向我们充分诠释了这一点：“在我刚转入职业棒球界不久，我就遭到了有生以来最大的打击——我被开除了，理由是我打球无精打采。老板对我说：‘弗兰克，离开这儿后，无论你去哪儿，都要振作起来，工作中要有热情。’这是一个重要的忠告，虽然代价惨重，但一切还不算太迟。于是，当我进入纽黑文队时，我下定决心在这次联赛中一定要成为最有激情的球员。

“从此以后，我在球场上就像一个充足了电的勇士。掷球是如此之快、如此有力，以至于几乎要震落场内接球同伴的手套。在烈日炎炎下，为了赢得至关重要的一分，我在球场上跑来跑去，完全忘了这样会很容易中暑。第二天早晨的报纸上赫然登着我们的消息，上面是这样写的：‘这个新手充满了激情，并感染了我们的小伙子们。他们不但赢得了比赛，而且看来情绪比任何时候都好。’那家报纸还给我起了个绰号叫‘锐气’，称我是队里的‘灵魂’。三个星期以前，我还被人骂作‘懒惰的家伙’，可现在我的绰号竟然是‘锐气’。于是，我的月薪从25美元涨到185美元。这并不是我球技出众或有很强的能力，在投入热情打球以前，我对棒球所知甚少。除了‘激情’，还有什么使我的月薪在十天内竟上升好几倍呢？

“退出职业棒球队之后，我去做保险推销工作。在经历十个月令人沮丧的推销工作后，我被卡耐基先生一语惊醒。他说：‘贝特格，你毫无生气的言谈怎么能使大家感兴趣呢？’我决定以我加入纽黑文队打球的激情投入到做推销员的工作中来。有一天，我进了一家店铺，鼓起我的全部热情试图说服店铺主人买保险。他大概从未遇到过如此热情的推销员，只见他挺直了身子，睁大眼睛，一直听我把话说完，最终他没有拒绝我的推销，买了一份保险。从那以后，我真正地展开推销工作了。在12年的推销生涯中，我目睹了许多的推销员靠激情翻倍地增加收入，同样也目睹更多人由于缺少热情而黯然退出。”

由此可见，激情是弗兰克·贝特格在事业上获得成就的重要原因。凭借激情，他在烈日当空的酷热中超常发挥；凭借激情，他说服了自己的客户，最终创造出不凡的成就。

有一次，美国一位部长问比尔·盖茨：“我在微软参观时，看到每一位员工都非常努力、非常快乐。你们是如何创造这样的企业文化的？”比尔·盖茨回答：“我们雇佣员工的前提是，这个员工对软件开发是有激情的。”这是微软成功的秘密。

因为激情而享受快乐！那么如何培养激情呢？主要有三点：选你所爱——不必太在意别人的看法，用但丁的名言说，就是“走自己的路，让别人去说吧！”当你没有选择或不容易改变现状时，“爱你所选”，加上积极乐观的态度，会帮你找到光明之路。一旦培养了自己的兴趣，就一定要珍惜，全力以赴，勇敢执着地坚持下去。在工作中培养激情，在激情中愉快工作。

激情，激情，让自己再疯狂一些。不要管别人怎么说，你要坚定自己的信念，大胆前进！

不要让“明天再说”成为你奋斗路上的绊脚石

奋斗，就要脚踏实地，实实在在地干、扎扎实实地干，不空谈，不虚夸。一分耕耘一分收获，若不是一步一个脚印得来的成功，那么这份成功将是空洞无物的，甚至会诱惑一个人走向人生的万丈深崖。

王符的《潜夫论》说：“大人不华，君子务实。”王守仁的《传习录》说：“名与实对，务实之心重一分，则务名之心轻一分。”这些思想，就是中国文化注重现实、崇尚实干精神的体现。它排斥虚妄，拒绝空想，鄙视华而不实，追求充实而有活力的人生。奋斗精神作为传统美德，仍在我们当代生活中熠熠生辉。

每个获得成功的人，没有一个不是在奋斗中，一点一滴去完成一个小小目标，然后积累成大成就的。工作中，不论遇到了多揪心的挫折，都要坚持奋斗的态度，从现在做起，兢兢业业，开拓创新，扎扎实实做好本职工作，在平凡的工作中保持奋斗的激情，才能帮助我们释放出无穷的热情、智慧和精力，进而帮助我们获得财富与事业上的巨大成就，从而实现理想，创造辉煌人生。

奋斗的精神，会使一个人无论身处什么样的环境，无论在什么时候，都不为自己寻找任何逃避的借口，对眼前的事务尽职尽责，勇往直前，注重细节，懂得工作中没有小事。点石成金，滴水成河，只有认真对待自己所做的事情，才能克服万难。因此，不仅要认真地对待工作，将小事做细，并且能在做细的过程中找到机会，从而使自己走上成功之路。

商海几度沉浮，谁能操守大业、成就百年？家乐园这颗商界新星是如何缔造出不凡神话？

家乐园集团董事长礼有财常常说："我是个体出身的商家，我知道经营的难处，我更了解供货商的想法和顾客的需求。经商靠投机是行不通的，只能靠脚踏实地的奋斗精神，才能得到大家一致的认可，方能取得成功。"

企业如人，领导者的良好作风将会对整个企业产生深远影响。礼有财董事长这种奋斗方能成功的信念，使得家乐园集团从领导层到一线员工，一致讲求奋斗高效的作风。

"古训道：天道酬勤、勤则加勉。勤劳实干使家乐园集团经历了八年的征战，在牛城商海中且行且远。家乐园对顾客务实，就是不搞噱头促销，而是讲求真品实价。"礼总裁说，"在家乐园的商业、地产业、娱乐业三大业态14家门店，奋斗是经营管理工作中必须遵守的原则。"

正是本着奋斗的原则，家乐园在对外促销活动中，从不靠虚假促销制造声势，而是把真正让利于顾客的目标落到实处。以诚信全力打造价格标尺，在业界首先提出“您尽可到我处看价、到他处购物”等相关承诺。此举一经推出即令消费者哗然，人们在惊叹家乐园非凡魄力的同时，对它的诚信务实作风不禁伸出大拇指。在如今越来越疯狂的促销活动中，家乐园却独辟蹊径，倡导消费者理性消费。在对员工的服务培训中，家乐园很少讲销售技巧，而是教导员工学会换位思考，从顾客的角度考虑问题，多为顾客当好参谋，为每一位顾客选择最适合他们的商品，不追求短暂的利润回报，而是长远的经济收效。把求真奋斗的精神发挥到经营管理的每一个细节之中，礼总裁常常身先士卒，用实际行动为员工诠释奋斗精神。一次，他和公司的几名新业务员一起去考察市场，选定商品后，几名业务员面对几百斤的货物犯了难，人手有限、货物又多，怎么弄上车？礼总却没多话，上前就动手搬运起货物，几名业务员面面相觑，惭愧地加入到搬运工作中。礼总后来说，其实企业完全可以花钱雇搬运工，之所以这样做，就是告诉业务人员不要养成“娇”“骄”二气，要时刻铭记做企业必须要奋斗。

家乐园从总裁到管理阶层，从后勤到一线员工，面临的困难不胜枚举，可大家都能任劳任怨，从不叫苦叫累，而是用熬红的双眼，用磨破的脚掌，用踏实勤劳的奋斗作风，共同赢得了集团辉煌的成功。

正是从上至下的奋斗精神，才使家乐园集团强调奋斗精神的细节，在所有的流程中，使每位成员都通力协作、一丝不苟地用近乎苛刻和精益求精的态度去服务大众，把流程中任何一项的纰漏都防患于未然，使企业品牌口口相传，植根于顾客心中。

一个有奋斗精神的人，绝不轻言放弃，即使在一片懊悔或叹息、宽容或指责的氛围中也会坚持。在行动之中不畏惧贫穷和困苦，努力发掘出自身的强项，常常将工作中不可预知的非常的事故和风险，压在自己身上，隐伏在他生命最深处的种种能力，突然涌现出来，激发自身巨大的潜能；对工作中哪怕是看起来微不足道的事情，也绝不敷衍了事。因为他深信，奋斗不仅仅是事业成功的保障，更是实现人生价值的手段，世界上绝对没有不劳而获的事情，任何人的成功无一不是按部就班、脚踏实地努力的结果。任何大事的成功，都是从小事一点一滴累积而来的。没有做不到的事，只有不肯做的人。

奋斗像是一滴水，向前跑，不一定会汇入大海，但至少会融入小河或潭水中；奋斗像阳光，一丝阳光也许不能催生一个成熟的果实，但积累了能量；奋斗像雨水，对干涸土地也许起不了巨大的影响，但只要敢于尝试，脚踏实地走好脚下的 每一步，就能滋润土地。

一个人拥有奋斗的精神，必定会浇灌希望的热忱，再加上坚忍不拔的奋斗作风，主动去做应该做的事情，绝不空想，就会产生创造力，点燃希望之火，实现人生理想。

再拼一把，为自己的未来奋斗

人生就是来“搏”的，只要去拼一拼，就没有什么不可能。很多时候，阻碍我们前进的不是对手，也不是困难，而是我们自己。

一个樵夫上山砍柴不小心摔下山崖，危急之际揪住了半山腰处的一根树藤，人吊在半空上下两难，四处晃荡。

这时，一位老僧路过，给了他一个指点——“放手”。

如果已经证实没有什么能够活命的途径了，与其等死，还不如放手一搏，只有往下跳了——不一定能活下来，但也不一定死。也许可以顺着山势而下，缓和一点冲力，也许半路绊到一棵树可以侥幸活命。也许真的就这么死了，但至少还有一个可能性，也许不会死。

做人经常会遇到进退两难的局面，与其夹在中间等死，倒不如拿出全部精力放手一搏，就算有万分之一的希望，毕竟还有一线生机。

很多时候，我们总在犹豫不决的边缘徘徊，带着无奈的表情和多余的自我解释。生命是有期限的，你还能犹豫多久？如果你能把每一次机会都当成是最后的一线生机，就有可能完成许多无法想象的事情。凌空摆荡，浪费时间不会有结果，还不如趁头脑还清醒、体力还足够的时候，勇敢付诸行动，好好把握自己的命运。跳下去，不一定就活不了！

理性的人，应该有充分的果断和勇气，凡是应做的事，不因有危险而退缩。一念之差，可能会彻底改变一个人的命运。成功，有时候真的需要放手一搏的勇气！

试问一下，我们谁没有梦想？这正是我们内心深处源源不绝的动力，不管沧海桑田，日月变幻，那些曾伴随我们的单纯梦想，犹如油灯，温暖着我们火热的心，只要希望不灭，我们便会为之奋斗不止。

没有人不愿意成功，但综观现实，能够最终获得令人瞩目成绩的，总是少数人。究其原因，不是大多数人没有理想，而是在通往梦想的途中突然懒散下来，要么转变方向，要么因其繁杂的理由，让我们不愿奋斗，从而与成功失之交臂。

一枚硬币有它的两面，每个人的生活也有两面：一面是内心所拥有的如朝阳般的梦想，也就是一个人的内在动力；另一面则是脚踏实地的付出，有了动力的驱使，使我们找到奋斗的兴奋点，点燃我们的梦想，使自己的人生逐步迈向成功。

一个人奋斗的动力，其实来源于我们内心的真实想法。有的人可能是为了生活得更好，有的人为了心中的梦想，有的人为了心爱的人，有的人为了感恩……这些责任的内在动力，会成为我们奋斗过程中的兴奋剂，帮助我们克勤克俭，勇往直前，不达目标不罢休，从而登上成功的巅峰。

鲁冠球出生在浙江省萧山一个贫苦的乡村。15岁时因交不起学费而辍学，后经亲戚帮忙，他被介绍到萧山县（现为杭州市萧山区）铁业社当了一名打铁的小学徒。

鲁冠球虽然受到打击，但一定要打出一片天地，回报亲戚、让父母过上好日子。在没有个体户之说的20世纪60年代初期，他经过15次申请之后，自己开办了一个铁匠铺。在他勤奋的付出中，很快使生意红火起来。在20世纪60年代后期，由于当地需每个城镇都要有农机修理厂，富有经验且有些名气的鲁冠球，被地方政府邀请去接管已经破败的政府农机修配厂。只要能赚钱、做得了的营生，鲁冠球都兴奋地去尝试。

之后十年间，鲁冠球靠作坊式生产出的犁刀、铁耙、万向节等五花八门的产品，使他在艰难的奋斗过程中，完成了最初的原始积累。

到了20世纪70年代，鲁冠球工厂门口已挂上了宁围农机厂、宁围轴承厂、宁围链条厂等多块牌子，员工也达到了三百多人。

到了20世纪80年代，铁匠鲁冠球却充满激情地看到中国汽车市场开始起步，他奋力调整公司战略，集中力量生产专业化汽车。

在1980年全国汽车零部件订货会上，鲁冠球虽被拒绝入场，但他并不放弃，在会场外摆起了地摊。在闻听会场内正陷入价格拉锯战，他便张贴广告，以低于场内20%的价格，销售自己的高质量产品，很快，许多厂家便涌出场外交易。鲁冠球此役获得了210万元的订单。

经过三十余年充满激情的奋斗，当年的铁匠铺发展成今天拥有亿万资产的万向节汽配集团。鲁冠球成为最默默无闻的大赢家，成为名利双收的企业家。

为了回报亲戚介绍打铁的营生，为了让父母过上好日子，这些对爱的沉甸甸承诺，化为鲁冠球无穷无尽的内在动力，像号角一样催促着鲁冠球不断超越自己，在奋斗中使早年辍学的鲁冠球，成为一个名利双收的成功企业家。

是啊，我们每个人从出生，迎接我们的就是亲人们的关怀和期望，在他们无微不至的关心与呵护之中，我们走出家门，走向更宽广的世界，而在成长的路上，不断有良师益友的鼓励、帮助加入进来，我们只有将一路的感恩化为动力，在慰藉温暖之中，激发我们挑战困难的勇气，进而获取前进的动力，鼓起勇气努力奋斗，将一切疲惫和怠倦一扫而空，取而代之的是让自己每天清晨从幸福出发，每天傍晚收获满满的快乐而归。

动力是我们奋斗历程中的兴奋剂，能使我们坚定地望着远方，脚踏实地迈好眼前的每一步，将泥泞的道路，延伸至人生辉煌的金字塔。

世界著名的成功学家拿破仑·希尔曾经提出一个成功学理念：“过

桥抽板”。这个理念说的是：在某些时候，主动切断自己的退路，留一片悬崖在身后。当你无路可退的时候，反而能激发出最大的潜力，调动所有的激情，才能拿出放手一搏的勇气，坚持到底。

人生是一次没有退路的旅行。当我们没有退路，不能后退时，就只能放手一搏，开拓出一条路来。只有继续前行才能和成功相遇。退路常常被当成保留力量的借口，是冠冕堂皇的退缩理由。只有敢于切断后路，有破釜沉舟的勇气的人，才能全力以赴为自己创造一个向成功冲锋的机会。

自信的你能做得更多

拿破仑·希尔说：自信，是人类运用和驾驭宇宙无穷大智的唯一管道，是所有“奇迹”的根基，是所有科学法则无法分析的玄妙神迹的发源。萧伯纳也说过：自信是力量的源泉，它可以化渺小为伟大，化平庸为神奇。

美国美孚石油公司曾在我国西部打井找油，结果毫无所获。于是以美国布莱克威尔教授为首的一批学者就断言说中国地下无油，中国是一个贫油国家。

就在举国戴上沉重的“贫油国”的帽子之际，年轻的地质学家李四光偏偏不信这个邪，他潜心研究成油理念，细致考察地质地形，认为中国一定存在大油田。对于自身研究成果的自信，他开始了30年的找油生涯。他运用地质沉降理论，相继发现了大庆油田、大港油田、胜利油田、华北油田、江汉油田。他当时还预见西北也有油田。正在开发的新疆大油田，也完全证实了他的预言。

李四光靠自信、自强彻底粉碎了“中国贫油论”，他深刻地体会到自信就是一井取之不尽的油，自信是他探索中的良师益友，更是他石油探索生涯中的美味佳肴，更是他战胜困难的有力武器，亦是他持之以恒、努力探索的力量源泉。他说他之所以能披荆斩棘，那是因为心中自信的灯辉给了他力量。他总结说：“一个人如果没有自信，就等于没有灵魂，就没有前进的动力和行动的指南，就不可能拥有正确的人生价值观。”

自信的心态所产生的力量，不仅能够潜移默化地改变自己，而且能改变自己周围的人，甚至是整个世界。世界是因有我们的自信而创造，而改变，倘若自己不存在，世界的所谓博大也就毫无意义。大凡成就伟业的人士，总是具备坚定的自信精神，才会对自己所从事的事业深信不疑，甘愿付出自己全部的精力，投入到工作中，也只有具备这种精神的人，才能到达成功的彼岸。

一个内心自信的人，在通往成功的路途中，就算是遇到了困难和挫折，也会令自己决不放弃，不屈不挠，直到所有艰难险阻都被自己踏在脚下，让成功的光芒将自己的前程照亮。

一个内心自信的人，即使遭受种种挫折，身陷困境，依然会抬起头走路，依然会看到一片更广阔的天空，在人生之旅，永远做一个不依不靠、独立自主、志气恢宏的自己。

小李是一个极普通的农村青年，他家境贫寒，高中毕业如愿考上大学时，却因为父亲病重，不得不放弃学业，去县城一家印刷厂打工当学徒。

在艰苦的日子里，小李并不气馁，他自信社会也是一所大学，能学到许多大学校园里没有的知识，能令他改变并且摆脱家乡这种贫穷艰苦的现状。

这种自信的心态，使小李在日后的工作中，重活、累活、粗活都愿意抢着干。并且在打工之余，他还坚持勤奋学习，从来不知道劳累。

很快，他就掌握了全套电子信息知识和技术。

不幸的是，后来企业改制，小李打工的印刷厂被迫关闭停业，他失业了。小李并没有因为命运不顺而放弃心中的梦想：坚信自己一定能率领家乡人，改变并且摆脱这种贫穷艰苦的日子。

凭着一股自信的力量，小李在亲戚乡邻间东借西凑，拼凑了五千元钱的创业资本，他在县城创办了首家“电脑培训公司”，生意红火，并且渐渐做大做强，效益可观。

五年后，积累了“第一桶金”的小李，创办了全县第一家“惠农信贷部”，为老家300亩水果玉米的种植、300亩大棚蔬菜的发展、300亩养殖场的建设和发展，筹措集资达一亿元，实现了自己一定可以帮助家乡改变，并且摆脱这种贫穷艰苦日子的最初梦想，因而被评选为全省“有所作为模范青年”和“优秀农民企业家”。

自信的心态，是驱动小李走向成功的力量源泉，虽然他没有骄人的成长背景，没有高深的学历，更没有优越的条件，但是他拥有的自信心态，形成他人生路上一种积极的态度、向上的激情，成就了他改变家乡落后面貌的最初梦想。

一个人内心散发出的自信，是力量的源泉，它会使自己呈现给周围人的笑容，总是那么灿烂，声音总是那么甜美，祝福总是那么真诚。它会赋予每个人独立思考的能力，会赋予每个人忍辱负重的耐力，能令人在山崩地裂的纷繁世界，天马行空，自由驰骋，游刃有余，以自己的智慧判断出自己所需要的东西，树立正确的理想并且为之奋斗，从而会使自己准确定位自己，立稳自己的脚跟，做到目标清晰而不盲从，遇到挫折不退缩，坚信自己虽然只是芸芸众生中的一粒平凡的沙子，但只要有成为珍珠的信念，就能成长为一颗光彩夺目的珍珠。

一个内心自信的人，心里滋生的力量总会支撑自己看到前进路上的灯塔，它就像是我们智慧的导航，能使我们放下自卑的枷锁，从而令自己魅力四射；它能使一个人有足够的勇气克服阻碍，克服卑怯，学会虚心讨教，诚恳学习，扬长补短，可以说只要有自信的力量相伴左右，我们就可以闯出一片属于自己的天地，凭借自身的力量，去实现自己的人生理想，成全自己想要的生活。

一个充满自信的人，本身就像一个充满能量的巨大磁场，焕发出巨大的凝聚力，能散发出强大的感召力，能爆发出强烈的战斗力，能累积形成伟大的公信力。它就像一座桥梁，带领人走向成功。

可以说，自信能使一个人的力量照耀到哪里，哪里就豁然开朗；自信的心态能使一个人产生的能量，引领到哪里，哪里就春回大地。

用奋斗的激情书写无悔人生

在人生的道路上，我们每个人心中都会有许多美好的梦想，我们每个人都希望实现自己的梦想。但许多时候，我们美好的梦想会在瞬间被无情的现实打击得粉碎。有的人因此而颓废，而有的人则会坚持自己的梦想。人生最大的敌人，其实不是他人，而是我们自己。千难万难，只要自己不投降，成功的道路就永远在前方。

人活一世，没有谁的人生之路是一帆风顺的，一个人要想干成一番事业，不但会遭遇挫折，还会遭逢困难和艰辛。但是，困难只能吓倒那些性格软弱的人。对于真正坚强的人来说，任何困难都难以迫使他们低头屈服，相反，困难越多，磨砺越大，越能激发他们的斗志，激励他们奋发图强。

面对生活中的磨难，人最需要的是坚定的意志和勇往直前的决心。只要你有一颗充满勇气的心，你在人生的路途上就不会停下前行的脚步，即使每一步都走得很艰难；只要你有一颗充满勇气的心，你在人生的大海上就不会有丝毫懈怠，即使前方巨浪滔天；只要你有一颗充满勇气的心，你在山穷水尽时也能及时调整方向，在另一条路上看到新的景致；只要你有一颗充满勇气的心，在上天拿掉你的人生砝码时，你也能再加上新的砝码，让你的人生天平重新平衡，让你的人生焕发精彩。总之一句话：勇气在，成功就在！

今天，“黛比·菲尔茨”的名字在美国数以百计的食品商店的货架上出现。她的公司“菲尔茨太太原味食品公司”是食品行业最成功的连锁公司。

黛比创业之初，丈夫和父母都不支持她，但她非常渴望成功。随着时间的推移，她终于认识到自己要么停止成功的梦想，要么就鼓起勇气去冒一次险。她对父母和丈夫说：“我准备去开一家食品店，因为你们总是告诉我说我的烹饪手艺有多么了不起。”“噢，黛比，”他们一起说道，“这是一个多么荒唐的主意。你肯定要失败的。这事太难了。快别胡思乱想了。”

她丈夫始终反对，但最后还是给了她开食品店的资金。食品店开张的那一天，竟然没有一个顾客光临。黛比几乎被冷酷的现实击垮了。但是人就是这样，在你已经冒了第一个很大的风险以后，再去面对风险就容易得多。黛比决定继续走下去。一反平时胆怯羞涩的窘态，黛比端着一盘刚烘制好的热腾腾的食品在她居住的街区，请每一个过往的人品尝。

人们终于认可了她的食品。

所有成功的人，都具备一个共同点，那就是他们都拥有坚毅的性格。他们一旦确定要做一件事情后，就从不轻言放弃，从不轻易举手投降，哪怕面前有无数的困难，他们也会想方设法克服。一个人的梦想得以实现，是偶然的时势造就，也是日积月累的实力成全。一个成功者，无论是在工作中还是生活里，遇到苦难的时候从不逃避，而是勇敢面对。

在千万人阻挡面前举步不前的人，其梦想犹如搁浅的船只，无法在生命的长河中徜徉。因为他们总是将自己陷入旋涡，然后随波逐流，却从未想过要挣脱旋涡，按照自己既定的计划继续前进。他们很容易被现实的各种诱惑所吸引，他们没有勇气说“不”，从而让自己的梦想成为空想。

在追梦的路上，只要我们自己不放弃，任何困难都不能阻挡我们，我们朝着梦想的方向一路前进，就一定能收获成功的喜悦。不要让他人的判断束缚自己前进的步伐，遇事没有主见，没有自己的立场，自然与成功无缘。

我们每个人都有从众心理，许多人尽管一开始拥有自己的立场，可一旦周围持反对意见的人多了，就会情不自禁地怀疑自己的选择，心里的堤岸崩溃了，转而改变立场，向众人投降。我们必须不盲从，坚持自己的立场。以别人的标准来改变自己，并不能帮助我们实现自我的价值。

人生的悲哀，莫过于总是听信于人，而没有自己的主见。我们的生命应当由我们自己做主，一个人首先需要尊重自己，不等待命运的馈赠，不对命运投降，才能做出成绩，向自己的梦想靠近。

我们每一个人，总有遭人批评的时刻。越成功的人，受到的批评往往越多。只要确定自己是对的，就不要妥协，向着自己的梦想勇往直前吧。

逆境是一个人的试金石，有人在逆境中站得更直，也有人在逆境中倒下，这其中的差别，就在于这个人是消极逃避还是积极面对。

当我们放不下某些沉重的东西时，把它们转化成让我们幸福的、快乐的东西，我们一定会轻松很多。处变不惊，方能笑对人生中的逆境。身处幸运需要内敛，身处逆境需要坚韧。只有充满坚定的信念，保持恒心，不放弃努力，就有希望，就有机会，就会幸福。

生活是沉重的，智慧一点，就会轻松很多。坚强的人不会被生活的磨难吓倒，反而把它们当成是逆境转向成功的前奏。

生活的美在于拼搏和创造。能够笑对逆境的人，永远都是生活的强者。因为他们明白，每一次的不幸并非都是灾难，逆境通常也是一种幸运。与困难做斗争为日后面对更大的人生挫折积累了丰富的经验。

你只能被自己打败

别人认为你怎样并不重要，重要的是你应该肯定自己；别人如何打败你并不重要，重点是你不能先输给了自己。无论遇到什么境地，你要坚信自己。

一个小男孩在一场大火中被烧成重伤，经过医生抢救，男孩虽然摆脱了生命危险，可是医生告诉男孩的妈妈，孩子的双腿已经失去知觉，以后只能在轮椅上度过余生了。妈妈很难过，她强忍着心中的悲痛，每天推着男孩到外面呼吸新鲜空气。

有一天，她像平常一样推着男孩到院子里散步，由于有急事就先离开了。院子里阳光明媚，万物生机勃勃，一股强烈的愿望在男孩心里萌生："我一定要重新站起来。"于是，他用尽全力，推开轮椅，拖着无力的双腿，用双手在草地上向前爬行，他忍着疼痛，爬到篱笆墙边，扶着篱笆墙，一步一步地努力往前走，汗水从他的额头一直往下流，累了，他就停下来歇歇，喘口气又继续往前走。

就这样，男孩每天都抓着篱笆墙练习走路。时间一天天地过去了，他的双腿依旧没有任何知觉。可是他不想放弃，他不甘心自己一辈子在轮椅上度过。他下定决心，一遍遍地告诉自己："我一定要站起来，一定要用自己的双腿来行走。"

一次，当他像往常一样扶着篱笆练习走路时，一阵刺骨的疼痛从腿部传来。他又惊又喜，更加拼命地走着，尽管每走一步，他都得承受着难以忍受的痛楚。从那以后，男孩的身体开始慢慢恢复，从最开始的能慢慢站起来，接着能够扶着篱笆走上几步，慢慢地，他可以独立行走了。后来，他和其他男孩子一样，能跑能跳，读大学的时候，他还进了学校的田径队。

这个男孩就是葛林·康汉宁，他创造过全世界最快的短跑成绩。

人生的逆流不会击退生活的强者，它只会成为强者的跳板，让强者变得更强。

邰丽华出生于一个普通的职员家庭，两岁时，一场高烧让她陷入了无声的世界。邰丽华从小就领悟到自己跟别的小孩不同，那时她就懂得要自强和勤奋。

在聋哑学校里，邰丽华品学兼优，经常受到老师的表扬。在学校的律动课上，老师踏响地板上的象脚鼓，通过震动传达给坐在地板上的学生，让他们体会什么是节奏。为了体验这种感觉，邰丽华总喜欢把脸频贴着录音机的喇叭，全身心地感受不同的震动。电视里的舞蹈节目，更让她充满了向往，她爱上了舞蹈，爱得痴狂。

幸运的是，邰丽华在艺术方面的才华被聋哑学校的一位女老师发现。

女老师对其进行了舞蹈方面的培训，而舞蹈中的旋转、跳跃都让邰丽华十分痴迷，她下定决心要学习舞蹈。在残联的帮助下，邰丽华进入正规的舞蹈班训练。武汉市歌舞团的一位赵老师看中她是个可造之才，可是又碍于她无法听见音乐，就先答应让她在歌舞团里观察一段时间，看看她是否有领悟能力。开始的时候，邰丽华的基本功是团里最差的，叉腿不到位，提腿不准确，手位不协调。赵老师觉得这个小姑娘的舞蹈功底不好，后来她干脆放弃了邰丽华，把她一个人扔在排练室。

那段日子里，邰丽华变得更加刻苦，一天24小时，除了吃饭睡觉，她的剩余时间都是在排练室里度过的。为了打好基本功，她一个人对着排练室的镜子一遍又一遍地练习。开始的时候，她只能转几个圈，半个月后，她就能转两三百个圈了。对于无声的邰丽华来说，她没办法听见伴舞的音乐，只有在心里不断地记忆、重复，再记忆、再重复……后来在她的心里有了一首永远为她奏响的乐歌。正是凭着这份执着和天赋，邰丽华终于脱颖而出，获得了大奖。

2015年春节晚会上，邰丽华领舞的《千手观音》让人们眼前一亮，并记住了这个美丽的女孩。

如今，郜丽华担任中国特殊艺术协会的副主席，同时还是残疾人艺术团的“形象大使”。

我们生活在竞争如此激烈的社会中，与天斗、与人斗，每个人都想要获取胜利、出人头地。但是，经过多少次的失败，我们才真正地明白，那个最终使我们受伤的强大的敌人，深深地隐藏在我们自己的心中，这个世界上真正能够打败你的人，唯有你自己。人最大的敌人是自己，发挥自己最大的潜能，赢了自己，自然会赢了别人。

在成长的路上，我们总会遇到挫折，总会有迷路的时候，这就犹如成长的帆在航行中会遇到逆流一样，当逆流袭来时，你是选择逃避还是勇敢地挑战，你准备好了吗？

第六章

只要你想，你也可以改变世界

你的能量超乎你的想象

自我设限，就是一个人在自己的心里，对自己的能力默认了一个“高度”，并常常在自己设限的范围内暗示自己：这么多困难，我不可能做到、想要达到这个目标是不可能的！因此，自我设限，往往是一个人无法取得成就的重要原因之一。它就像一块巨石，在一个人成长道路上，阻碍着前进的脚步。

一个人有多大的野心，就会激发多大的潜能，成就多大的梦想。

有太多的人不知道自己到底能实现多大的成功，所以为了稳当起见，从不敢确定更远、更大的目标，从而影响了自己的人生高度。

曾有科学家拿小跳蚤做过这样的试验。

一位科学家把一只小跳蚤放在桌上，只要一拍桌子，跳蚤立即会以其身高的100倍的高度跳起来，堪称世界上跳得最高的动物！然而，当科学家在跳蚤头上罩一个玻璃罩，再让它跳时，当跳蚤碰到了玻璃罩多次后，就改变了起跳高度以适应环境，每次跳跃总保持在罩顶以下的高度。科学家接下来逐渐调整玻璃罩的高度，跳蚤都在碰壁后被动改变自己的高度。最后，当玻璃罩接近桌面时，跳蚤已无法再跳跃了。科学家于是把玻璃罩打开，再拍桌子，跳蚤仍然不会跳。

跳蚤变成“爬蚤”这一个过程，就是心理“自我设限”。这种事先设计障碍的一种防卫行为，就像自己为自己挖了一个陷阱，这种行为虽然可以防止自身能力不足带来的挫败感、暂时维护自我价值感，却剥夺了自己的成功机会。

生活和工作中，我们常会陷于自我设限的境地：放弃奔跑吧，我都这么大年龄了，不会跑那么远的；放弃这次应聘吧，我学历那么低，这家公司不会聘用我的；算了吧，我又矮又胖的，那么帅气的小伙子怎么会看上我……正是人为的自我限制，往往导致我们拖着沉重的枷锁生活，每天都在扼杀自己的潜力和欲望，身体内无穷的潜能和欲望都没有发挥出来，使自己流入平庸之辈！

人为的自我心理设限，往往使自己表现得像个懦夫。在每开始做一件事情之前，总是犹豫不决：“我从没干过，恐怕不行”“我性格内向、害怕与人交往”“我表达能力不行，普通话很差，这种交际场面不适合出现”等畏缩的想法，牢牢控制着自身的行为，在执行工作中，总会感到力不从心。使我们在还没行动之前，就易被消极、不思进取的情绪时时刻刻束缚着，习惯地给自身设个藩篱，使自己陷入一个个恶性循环当中，甘于碌碌无为而难以在短暂的时期之内，取得突飞猛进的成就。

在瑞典，有世界上最大的游戏竞技赛事之一，主要比的就是包含了CS在内的主流游戏。设有全球分赛场，每年夏季和冬季的两场比赛是玩家和参赛者们最看重的，现场更是人山人海，座无虚席。

提起电子竞技，在大家的印象中这是年轻人的主场。不过，在2017年冬季的比赛中，有一支有点与众不同的队伍引起了所有人的注意，这就是“银色狙击手”，成员的平均年龄71岁，最大的81岁，最小的62岁，三位男性、两位女性，他们是全球参与CS比赛的年龄最大的队伍。

他们在比赛前三周才开始学习打CS，大家从怎么操作，如何调整设置，怎么瞄准敌方，甚至是怎么分清敌我开始学起。最后虽然“银色狙击手”没有取得太好的成绩，但他们在比赛中的表现让大家刮目相看。

对他们来说，结果不是最重要的，他们不仅是在体会电子竞技带来的乐趣，而且觉得这也是跟年轻人沟通的桥梁，他们在这场竞技里获得了很多。他们各自怀着对电子游戏不同的理解和感受凑在了一起，现在他们进行着更常规的训练，为以后参加比赛做准备。因为就像队员们自己说的：“年龄嘛，不过是个数字而已，没什么不可能的。”

其实，每个人的潜力是无穷大的，只要不局限自己潜力的发挥，不要怕制定更高标准的要求，每个人都可以取得出乎自己意料的成绩。

由于我们经常在做每件事情前，总是担心目标一旦过高无法实现惹人耻笑，所以总会让自己做事缩手缩脚；而宁愿给自己制定一个比较低的标准，虽然完成起来比较容易，但一旦完成，心里就会得到极大满足，沾沾自喜，埋藏了更大的潜能。

工作中，我们每个人，都害怕表现失常，从而导致惨败，使周围的人对自己的能力产生怀疑，在自尊和自信受到严重打击时，更是因害怕失败，总是不敢声张自己良好的愿望，将自己的潜能扼杀在“摇篮”中，一辈子都没有爆发出来。

不要给自身的目标、能力设限，许多事情经过自己的努力打破原来的界限，适度提高原来的目标，当自信心达到一定的高度时，有欲望就会集中精力去做，将每件事情都发挥到极致，让一个个小成功累积起来，不断激励自己，不用害怕失败在自己的目标之下，大声告诉自己是最棒的，努力去挖掘潜藏在自己体内、思想内的宝藏，成功迟早属于自信的人。

可以被毁灭，但不能被打败

人生不如意的事很多。成长奋斗的过程就好像攀登高峰一样，然而在这个过程中，我们可能会遭到更大的困难和失意。此时，如果你患得患失，充满抱怨和痛苦，那你只会被悲伤和绝望窒息心智。

聪明的人不是一味地回避灾难，而是较好地利用灾难，他们以顽强的意志和超常的毅力战胜厄运，以过人的智慧和精力排除前进中的每一个障碍。

面对危险处境，只有那些有智慧而幽默的人才能安然度过。

很早以前，有一群印第安人被白人追赶，他们逃到了某个地方，处境十分危险。由于情况危急，酋长便把所有的族人召集起来谈话。

他说：“有些事我必须告知大家，我们的处境看起来很不妙，我这里有一个好消息，也有一个坏消息。”族人中间立刻起了一阵骚动。

酋长说："首先我要告诉你们坏消息。"所有的人都紧张地站着，神色惶恐地等待着酋长的话。酋长说："除了水牛的饲料以外，我们已经没有什么东西可吃了。"大家开始你一言我一语地谈论起来，到处发出"太可怕了""我们可怎么办"的声音。

突然，一个勇敢的人发问了："那么，好消息又是什么呢？"酋长回答："幸好我们还存有很多的水牛饲料。"

族人们开始舒了口气，心情很快放松了。酋长带着大家渡过难关。

这个智慧而又有些幽默的酋长，因为他在困境中依然保持着泰然豁达的心性，他所看到的，只是生的希望。一个在厄运面前不会绝望的人，注定是一个永远不被生活打垮的人。

生活有风有雨，有阴有暗，有圆有缺，就看我们如何对待了。乐观地对待它就会获得健康和幸福，悲观地抱怨就会有无尽的烦恼。而且抱怨都是徒劳的。麻烦不会因为你的抱怨而自动消失。请记住：在抱怨中，我们会流失时间，流走一段生命，失掉一缕青丝，失去一个会心的微笑。

坚强的人会微笑着面对挫折，因为他们知道困难再大，只要不妥协就能战胜；无论多么寒冷的冬天，总能迎来明媚温暖的春天。处于困境中的人，想突破生活和命运的藩篱，就必须设法调整自己的心态，以一种积极向上的心态去面对人生，迎接挑战，并积极打破一切烦恼的屏障，笑对挫折。

没有登不了的山，没有过不了的河，只要你拥有坚强的意志，这一切都会匍匐在你脚下。

董盘卿出生在洛阳伊川县彭婆镇南寨村，一场病痛，让她失去了用双脚走路的可能。从一岁到七岁，不能直立就让爬做到最好！十岁的一天，董盘卿可以用两只手“走”路了！她可以用一只手撑好身子，用另一只手干活。她是村里最能干的女孩。

婚后第三年，她有了第一个孩子。丈夫外出打工，她在家带孩子，伺候卧病在床的婆婆，下地干活。第二个孩子八岁时，她的丈夫得了帕金森症，一家五口，两瘫两小。2006年，她伺候婆婆终老，继续伺候丈夫，教养两个儿子。2009年6月，一场暴雨，家里的土坯房塌了，她硬是天天捡砖头，想捡来一座房子！砖捡得差不多了，小儿子的手被搅拌机搅进去了，粉碎性骨折！

记者来了，捐助来了。她已经是网友们洒泪宣传的“最坚强的母亲”“最伟大的女人”“最震撼国度的强者”！

53年，她没求过一个人，更多的是展现她的笑容。她硬是用两只手撑起一片天！

一个不能走路的女人，就是这样靠两只手走出一条震撼世人的人生路，展现了她最真实最坚韧的极品尊严！她是一切正常人的好老师、好楷模！

人生之路充满荆棘与坎坷，如果没有一颗强大的内心，坚忍不拔的意志，又怎么能够成功呢？人生必定有风有浪，一定不会一路阳光，当你遇到挫折时，请不要沮丧，而要冷静地看待它、坚强地面对它。只要坚韧，你就能撑起一片幸福的白云蓝天！

积极进取完善自己，不被辜负的人生才有意义

“百川东到海，何时复西归。少壮不努力，老大徒伤悲。”意思是说，如果我们年轻力壮的时候不奋发图强，不努力学习，不努力工作，虚度年华，那么，到了年老体衰、贫病交加的晚年再去悲伤、悔恨，已为时晚矣。

“莫等闲，白了少年头，空悲切。”很多人之所以能够取得卓越的成绩，无不是真正领悟了“少壮不努力，老大徒伤悲”的内涵，从而更加珍惜时间。“发明大王”爱迪生每天工作超过18个小时；巴尔扎克在生命的最后几年一天只睡四个小时，其他时间都是拼命地工作……

据相关统计，有75%的人后悔自己年轻时不够努力，导致自己终生一事无成。那么，我们如何才能避免发生这种悲剧呢？在我们没有获得成功之前，我们总是怀疑我们付出的努力是否值得。但是，如果不坚持努力，又怎么知道自己今时今刻的努力，不会带来日后的成功呢？只

有在年少时付出努力，才可以在以后的人生有所收获。

张凡刚初中毕业，就只身跑到了苏州打工。张凡以为来到这个美丽繁华的城市，就一定能够大赚一把。可事实并没有他所想象的那么简单。由于张凡没有文凭，他在这里简直就寸步难行。

那段日子，张凡跑遍了苏州大大小小几十家单位，也没有找到一份工作。他筋疲力尽，神情沮丧。那些单位的人无一例外地都会对他说："现在竞争激烈，还有大学生当服务员的呢！你一个初中生，到我们这里能干什么呢？"

这番话深深地刺痛了张凡的心。他多么希望时间能够倒流，自己可以再重新返回校园啊，那样，他一定会好好学习。

幸好，张凡刚刚18岁，也许只要努力，一切还来得及！返回老家的张凡跟父亲学习历史，跟哥哥在灯下补习功课，一年后，他终于考入宁波师范专科。可是，第一学期，张凡考试没有及格，学校让他退学或降级，经他再三请求，学校勉强答应他试读半年。张凡发誓，一定要把成绩赶上去。他坚持不懈地努力学习，半年后，他终于取得了好成绩。张凡后来更加勤奋学习，临近毕业时，他已经成为系里的高才生了。

人生难得几回搏，此时不搏待何时！张凡从被拒之门外的打工求职经历中，明白了学习的重要性，终于重新拾起了荒废的学业，终有所成。

艾森豪威尔出生于美国一个农民家庭。一天晚饭后跟家人玩纸牌，一连四局，他都没有拿到一副好牌。于是，他变得不高兴起来，嘴里念念叨叨地埋怨个不停。母亲停下手中的牌，对他说："你如果要继续玩下去，就不要埋怨自己的牌如何不好。不管怎样的牌发到你手中，你都得拿着。你唯一能做的就是尽自己所能，打好每一张牌，求得最好的效果。"

艾森豪威尔长大后，走进军营，一直牢记母亲的教导，按照母亲的话去对待生活和工作，把克服埋怨陋习奉为一生的戒律。他的前半生，充满了波折、苦闷和压力，但他从不怨天尤人，而是以积极乐观的态度，去接受命运的每一次挑战，脚踏实地地处理好当下面临的每一件事情，时刻为未来做好谋划和准备，终于从一个默默无闻的训练营教练，一步一个脚印地当上了陆军中校、盟军统帅，最终成为美国总统，以"勇敢与正直"而著称于世。

人生短暂，年少时不抓住机会好好努力拼搏，更待何时？年轻的时候，我们如果不努力，怎么可能获得成功？难不成真要等到晚年时，再对失去的一切捶胸顿足？与其到时候怨天尤人，不如趁着年轻付出努力。

年轻的我们，没有理由不努力，没有借口不拼搏。奋发向上，永不服输，是我们年少时的本能；败而不馁，胜而不骄，是我们年少时的口号；艰苦奋斗，矢志不渝，是我们年少时的宗旨。认准了目标，就要满怀热情，全力以赴，聚精会神，埋头于眼前的工作，专注于现在的每一个瞬间。这样，我们就能开创美好的未来！

愿每一个人在年轻时都能为自己的梦想而努力，无论这个梦想是什么、这个梦想有多大，都要尽力一搏。不要等年华已逝，再感慨荒芜的青春，再遗憾年轻时没有去做自己想做的事。

坦然面对得失

有句古话说得好：争一步两败俱伤，退一步海阔天空。“君子贤而能容黑，知而能容愚，博而能容浅，粹而能容杂。”这是荀子的精辟概论。君子之所以被尊称君子，皆有一颗退一步海阔天空的宽容胸襟！古来成大事之人，大都具备了这种“记人之长，忘人之短”的退一步海阔天空的情怀，在人们心中留下美名。

退一步是海阔天空的豁达，是一种深厚的涵养，是一种高尚的品德。在当今激烈竞争的时代，每个人努力进取、坚持不懈的行为无疑是值得肯定的。然而，在复杂的人生道路上，我们既要敢于拼搏，也需要有为有守。退一步不仅是一种机智，也是一种坚忍的毅力和顽强的意志。瞬间的忍耐，将使狭隘的人生之路变得海阔天空。

清朝时期，有位叫张廷玉的人在京为官，留在安徽老家的亲人想要造房，其邻居是一位叶姓侍郎的亲眷，也要起造房屋。两家为争地发生了争执。张老夫人便修书北京，要张宰相出面干预。张宰相看罢来信，哈哈大笑，提笔回复道："千里家书只为墙，再让三尺又何妨？万里长城今犹在，不见当年秦始皇。"张老夫人见书明理，立即把墙主动退让三尺，叶家见此情景，深感惭愧，也马上把墙让后三尺。就这样，张叶两家的院墙之间，形成了六尺宽的巷道，成就了有名的"六尺巷"。

退一步海阔天空，让三分心平气和。张廷玉失去的是几分宅地，换来的却是邻里和睦及流芳百世的美名。许多时候，对于别人的过失，我们做些必要的指正无可厚非，但是若能以博大的胸怀去宽容别人、谦让一步，就会让自己的精神世界变得更加精彩，其体现出的，更是做人的大气量。

日常生活中，我们却常见身边不少人因一句闲话争得面红耳赤；邻里之间因孩子打架导致大人拌嘴，老死不相往来；而夫妻之间因为家庭琐事同室操戈，劳燕分飞……其实，生活中哪有那么多输赢，退一步共奏凯旋，才互为胜利者。

退一步海阔天空，是一种自我调节心理平衡的思维方式。在生活中，我们难免遇到一些不随自己意愿或与自己意愿背道而驰的事情，改变一下自己看问题的角度及原有的"以我为中心"的思维方式，往往能得到减轻或消除给自己造成的心理压力，尤其是在非原则的问题上或在自己应得的物质利益上，一个人如果能以宽容、宽让之心对待他人之过，就会取得化干戈为玉帛的喜悦。

懂得退让者，会原谅别人的过错，不计较，不追究，懂得做人要学会设身处地地替别人着想，不刻薄，与他人为善；在生活或工作中，心境平静宽容，凡事顺其自然，不背包袱，不受任何心理压力的干扰，坚守心灵深处的高贵，不屈服于压力或贪图物质利益的享受，更不会轻易地妥协，甚至出卖自己的良心。在个人的名利或物质利益受到损害或由于个人利益与他人发生矛盾时，以退让之法顾全大局，保全自身安危，化敌为友减少日后工作中的障碍。

当一个人的名利或物质利益受到损害，或个人利益与他人发生矛盾时，如果能大度地退让一步，不仅不是懦弱，不是失去，反而是在大忍之中，重新获得更宽广的天地。

退一步海阔天空说来很简单，可现实中又有几人能付之行动？在别人犯了无心之失时，说一句“没关系”；在别人触犯到利益时，说一句“我不介意”；在与别人观点发生分歧时，说一句“这没什么”。这寥寥数语虽然人人都会说，可实际生活中却没有多少人能将它深植在心中：行程中有太多的人为公车上的磕磕碰碰争得面红耳赤；生意场有太多的人为蝇头小利争得你死我活；学术界有太多的人为了学术上的不同观点而弃斯文于不顾。在名利面前，做到退一步海阔天空，实则是一种至诚的美德和修炼。

在职场，我们每个人都是一个独立的个体，任何人都不能将自己的思想、行为强加于人，而我们又必须在同一片蓝天下生活，要想与周围的人和谐共处，就必须要修炼出退一步海阔天空的宽容胸怀，展开胸襟，绽开笑脸，接纳天下事。只有这样，小小的心灵，才能爆发出比大地更厚重，比天空更广阔的惊天伟力。

生活或职场中，许多事情不是我们人为所能控制的，也是必然的，但既然不如意的事情发生了，我们就应该戒骄戒躁从容面对，而不应该自怨自艾，甚至破口大骂，大打出手，与别人争得头破血流。

我们要学会受到别人误解时，退一步宽容地为之一笑，对方也会成为自己的朋友；当朋友之间有分歧时，用退一步的心连接友爱的桥，既可化解纠纷，又可增进友谊。可见，退一步是感情的催化剂，可以使感情更加淳厚，使我们在茫茫的沙漠中，收获生命的绿洲；在风雨之中收获彩虹；在孤寂退让之中，收获心底那一篇色彩斑斓、无怨无悔的成长诗行。

退一步海阔天空，让他人三分，收获心平气和，是我们赖以生存的仁爱灵魂，犹如一泓清泉浇灭怒火；又如一阵轻风抚平嫉妒的狭隘；又如一团篝火温暖冷漠之心。当我们在工作或生活之中，遇到他人的攻击、侵犯，退一步时，才会看到天的无边，海的无限，去享受承让的神清气爽；用自己这份大海般宽阔、能包容万事万物的胸襟，去耕种友善，收获喜悦，创造奇迹。

呼唤你内心的力量

著名作家柯林·威尔森曾用富有激情的笔调写道：在我们每个人的体内，都蕴藏着一种巨大的力量，在潜意识中，就好像存放在银行里个人账户中的钱一样，在我们需要使用的时候，就可以派上用场。

柯林·威尔森笔下的“每个人的体内，都蕴藏着一种巨大的力量”，就是我们常说的内在动力，是指潜藏在我们一般意识底下的一股神秘力量，是我们每个人原本都拥有却忘了使用的能力。它是潜存在每个人体内的一种本能，只要我们善于挖掘这股与生俱来的体内动力，让梦想与现实产生共鸣，使自己心甘情愿攻坚克难，斩荆除棘，直抵目标，这样的人几乎没有实现不了的愿望。

一个人所产生的内在动力，也是一种与理性相对立存在的本能，是我们每个人固有的一种动力，也是一种本能地驱逐，让一个人去追求满足的、享受的、幸福的生活原动力。这种内在动力虽然看不见摸不着，却一直在不知不觉中控制着我们的言语和行动。在适当的条件下，只要我们懂得挖掘出这种动力，几乎人人都可以做出令自己不可思议的成绩。

有一个叫胡达·克鲁斯的老太太，在自己70岁的生日宴会上，突发奇想：这一辈子一直对登山颇有兴趣，可忙碌一生，还从未有机会尝试登山呢！

发现了自己的人生空白后，她不顾亲友的反对，毅然在70岁高龄之际开始学习登山。她去了一家很有名的登山运动俱乐部报名，准备参加培训。她的坚持说服了俱乐部经理人，她成为整个俱乐部里年纪最大的一位会员。

此后，她先后攀登了几座世界有名的山峰。在95岁那年，她还一举登上了日本的富士山，打破攀登富士山年龄最高的纪录。

胡达·克鲁斯创造了奇迹，顿时引起巨大轰动，媒体争相采访，无数喜爱她的人还亲切地封她为“登山老祖母”。

70岁开始学习登山，这是一大奇迹。但奇迹是人创造出来的。正如胡达所言“如果你只是把梦想放进脑袋里，就永远不会成为现实，但只要开始付诸行动，激发自己的潜能，就永远都不迟。”

人的潜能犹如一座待开发的金矿，蕴藏丰富，价值连城，在某些特定的环境下，潜能可以激发出来，这位老太太保持年轻心态，保持奋斗，对自己充满信心，注重实践，培养艰苦奋斗的精神，最终获得成功。

我们每个人，不论自己聪明才智的高低，成功背景的好坏，也不论自己的愿望在最初说出来，是否令他人觉得好高骛远，只要我们懂得善于挖掘出这股潜存在体内的动力，就一定可以将自己的愿望，呈现在自己的生活之中。因为这种骨子里潜存的巨大动力，就犹如一部万能的机器，只要我们好好驾驶它，用心控制，让成功的印象或暗示进入潜意识，并不断用充满希望与期待的行动，来与内在的动力交织，就会让我们外在的生活状况变得更明朗。

机会对于我们每个人而言是均等的，只要我们不为自己的失败寻找借口，只要我们懂得不停挖掘自己体内潜存的动力，找到自己的优势，将自己的优势大胆地展现出来，不向困难低头，不向对手投降，更不要向自己服输，最终会成为最后的赢家。

每个人理想的实现，都非一日之功、轻而易举，需要我们持久坚持下去，我们只有挖掘出自己骨子里潜存的内在动力，一旦自己陷入僵局之中时，别忘为自己鼓劲儿，将负面的思想、事情，用正面、积极性、建设性的思想替代，将自己的命运牢牢把握在自己手中，才能让明媚的阳光照亮自己的行程。

工作中，我们在不停挖掘潜藏在自己体内的动力过程中，也学会了不断地寻求更新鲜、更有发展前景的事物，不断地自我超越和完善自我，不断地将自己的模式变得更加高效和完善，将自己所拥有的资源充分地运用，就像水一样，会自然而本能地选择一条最为便捷的成功之路。

生活中，我们只有挖掘出自身成功的积极内在动力，让失败消极的潜意识，变成有益于成功的卓越力量，才能化腐朽为神奇；我们用成功积极的力量，化害为利，让内在力量创造的智慧功能，帮助我们解决问题，获得创造灵感，让成功的事业，在灵感中挥洒，将所有的自然规律，在萌生出的无穷智慧之中，都加以总结和利用，让自己所有的思想和行为，都来配合自己的目标，朝着既定的远景前进，达成目标实现，诠释生命的价值。

用坚守的信念撑起一片天

很多时候，我们都是一个幸福的寄生者，我们无力给自己创造幸福人生，反而很容易把一生一世的幸福维系在别人身上，并希望对方可以将自己当成生命中的全部来看待，然而，希望越大失望越大，我们满心欢喜等来的往往只是一个不可靠的承诺。人生多变，我们猜到了故事的开头，却常常猜不到故事的结尾，迷信别人的魅力只会将自己的软弱和不自信无限放大，并最终成为人生的缺口，给自己的幸福埋下祸端。

的确，在人生艰辛的时候，我们需要他人的帮助，但更多的时候还是要靠我们自己的信念来支撑。正如我们有时跌倒，要靠自己站起来，凭的是自己的力量。

在这个世界上，能让你依靠的人就是你自己，能拯救你的人也是你自己。人生就是这样，不可能一帆风顺，到处都有坎坷，遇到弯路，坦然面对，这样我们才会走得更远。一定要自立自主，提高自己各方面的能力。

在生命的旅程中，要想从那些致命的危机之中走出来，踏上希望之路，就不要总想着去依靠别人，而是要学会自己拯救自己。

有一天，农夫的一头驴子，不小心掉进了一口枯井里。那位农夫绞尽脑汁，用尽方法，几个小时过去了，驴子还在井里痛苦地哀号着。最后，农夫决定放弃了，不过，无论如何，这口井还是得填起来，不然以后家畜再掉进去，就划不来了。于是，农夫请来左邻右舍帮忙，准备尽快将井中的驴子埋了，它在里面哀号，自己听着也难受。农夫的邻居们人手一把铲子，便开始往枯井中铲泥土。

井里的驴子意识到了自己的危险处境，叫得很凄惨。奇怪的是，这头驴子很快就安静下来了。农夫好奇地探头往井底一看，眼前的景象让他大吃一惊。原来，当铲进井里的泥土落在驴子的背上时，驴子就将泥土抖落在一旁，然后站到这些泥土上面。就这样，驴子将大家铲到它身上的泥土全抖落在井底，渐渐堆起了一个土堆，然后驴子再站上去。很快，这只驴子便得意地上升到井口，并在众人惊讶的表情中欢快地跑开了！

最终给自己带来快乐幸福的人是自己。就如故事中的驴子一样，如果把自己的性命都交给农夫，那就没有活的希望了。

幸福是需要自己去创造、去把握的，别人不可能永远都给你带来幸福，妄图让别人承载自己幸福的人往往会活得更加痛苦。尽管你一次次满怀希望，而希望又一次次注定被现实打破。将幸福紧紧握在自己手中、寄托在自己身上，这样才能保证自己的幸福可以成为现实，可以长久地继续下去。我们应该展望未来，真正认识自己拥有的一切。

一个人要想获得幸福，就不应该把希望寄托在别人身上，而是应该通过自己的努力去实现自己的理想，自己去创造幸福！

梦想和奇迹的创造者就是你自己

勇敢地接受生命的挑战，就能够赢得生命中的光明。

海伦·凯勒是美国著名的女作家、教育家、慈善家、社会活动家。在她19个月大时因患病而失去视力和听力。

由于失去听觉，不能矫正发音的错误，她说话也含糊不清。对于她来说，世界是一片黑暗和寂静。在这样的情况下要学会读书、写字、说话，没有强大的记忆力，简直是不可能的事。但是，海伦·凯勒没有向命运屈服。她为了能清楚地发音，用一根小绳系在一个金属棒上，叼在口中，另一端拿在手上，练习手口一心，写一个字，念一声。为了使写出来的字不至于歪歪扭扭，她还自制了一个木框，装配了一个滑轮练习写字。当然安妮·莎莉文老师也付出了很大的贡献，她让海伦将手放在自己的喉咙上，让海伦感受发声的震动。

当波金斯盲人学校的亚纳格诺先生以惊讶的神情读到一封海伦完整地道的法文信后，这样写道：“谁都难以想象我是多么惊奇和喜悦。对于她的能力我素来深信不疑，可也难以相信，她三个月的学习就取得这么好的成绩，在美国，正常人要达到这种程度，得花一年工夫。”

在学习与记忆的过程中，她只有一个信念：她一定能够把自己所学习的知识记下来，使自己成为一个有用的人。她每天坚持学习10个小时以上。经过长时间的刻苦学习，还有不屈不挠的信心，使她掌握了大量的知识，能熟练地背诵大量的诗词和名著的精彩片段。到后来，一本20万字的书，她用九个小时就能读完，并能记忆下来，说出每章每节的大意，还能把书中精彩的句子、段落、章节和自己对文章的独到见解在两个小时之内写出来。海伦的记忆力已经大大超过了普通人的正常水平。

海伦·凯勒的命运是不幸的，但她没有向命运低头，没有沉沦，她顽强奋斗，坚信自己能够创造属于自己的奇迹。

一个行动自信的人，其轻快的步履、坚定的目光、目视前方的从容不迫，处处成为吸引人的焦点，令人一看就知道他是一个有能力之人，一个优秀之人，令他拥有更多的成功机会。因而，自信是一个人成功路上的奠基石。它对每个人的成功，都有着不可忽视的作用，包括对人际关系、事业选择、幸福快乐、宁静心境和自己最终会取得多大的成功，都有着深远的影响。

自信者确信自己有能力去应对任何棘手的问题，而不会被挫折击倒，从而确实摘取成功的桂冠，一如美国作家爱默生所说：“自信是成功的第一秘诀。”

有一位女歌手第一次登台演出，内心十分紧张。想到自己马上就要上场，面对上千名观众，她的手心都在冒汗：“要是在舞台上一紧张，忘了歌词怎么办？”越这么想，她的心跳得越快，甚至产生了打退堂鼓的念头。

就在这时，她的指导老师笑着走过来，随手将一个纸卷塞到她的手里，轻声说道：“这里面写着你要唱的歌词，如果你在台上忘了词，就打开来看。”她握着这张纸条，像握着一根救命稻草，匆匆上了台。

也许有那个纸卷握在手心，她的心里踏实了许多，自信了许多。

她在台上发挥得相当好。她高兴地走下舞台，向指导老师致谢。指导老师却笑着说：“是你自己战胜了自己，找回了自信。其实，我给你的，是一张白纸，上面根本没有写什么歌词！”她展开手心里的纸卷，果然上面什么也没写。她感到非常惊讶：自己凭着握住一张白纸，竟顺利地渡过了难关，获得了演出的成功。

“你握住的并不是一张白纸，而是你的自信啊！”指导老师说。

歌手激动地拥抱着指导老师！在以后的人生路上，她就是凭着刻苦练技艺的自信，战胜了一个又一个困难，取得了一次又一次成功。

指导老师之所以这么成功地引领了女歌手走向辉煌，是因为他深知每一个成功的人，都拥有非凡的自信。他的行动使女歌手觉得即使自己在台上忘了台词，也有导师“纸条”的补救，从而克服畏怯心理，使自己发挥自如。

一个在工作中表现自信的人，不会拒绝别人的提醒和建议，不会因别人提出了尖锐的意见就恼火、就沮丧，而会以一种感恩的心情去接受，去学习，从而再提高自己的技能。他绝不会觉得是领导跟自己过不去，而将一项艰难的事务派给了自己，而是一种兴奋的心情去接受一项新任务。一旦出错或遇到问题，总会千方百计总结经验并尝试不同的方法，以海纳百川的度量，或是以改过自新的勇气，不断完善自己，坚信自己最后能够战胜困难，最终赢得成功。

一个人要想得到成功之神的眷顾，首先就得向世界展现自己势在必得的自信。成功始于自信，自信引导成功。

第七章

幸福来自平凡的奋斗和坚持

想到就去做，别让别人实现了你的梦想

犹豫，就是迟迟疑疑，拿不定主意，遇事没有主张、主见。与之相反的，则是果断，也就是当机立断，毫不犹豫地做出行为决策的能力，也是指一个人意志的果断性，它反映了一个人意识行为价值的效能性。其效能性越高，行为方案编制速度、决策速度和激发速度就越快，就能在紧急状态下迅速做出有效的行为反应。因此，果断意识，是指一个人能够迅速而合理地决断，及时采取决定并执行决定。

具有果断性品质的人，能够敏捷地思考行动的动机、目的、方法和步骤，清醒地估计可能出现的结果。

事业上成功者与失败者最大的区别就在于，当机会来临之时，一个人是否能放下犹豫，迅速、敏锐、合理地决断，敏捷地思考行动的动机、目的、方法和步骤，清醒地估计可能出现的结果，积极主动地果断做出决定，并坚定不移地将之付诸实践。因为犹豫的人很难成功，他们总是

前怕狼后怕虎而原地踏步不敢前进，甚至后退！

拿破仑·希尔25岁那年，接到一个采访钢铁大王卡内基的任务。

采访中卡内基问他："你是否愿意接受一份没有报酬的工作，用20年的时间来研究世界上的成功人士？"

拿破仑·希尔愣住了。不过，他马上意识到这是一项极具挑战的工作。"我愿意！"没有犹豫，他响亮地给出了答案。卡内基也怔了，不确定地看着他。"愿意！"拿破仑·希尔再次回答。卡内基露出了满意的笑容，一抬手，露出了紧握在手中的手表，"如果你的回答时间在60秒之外，将得不到这次机会。我已经考察近两百个年轻人，但是没有一个人能这么快给出答案。这说明你不像他们一样犹豫不决！我认可你的果断。"

后来，卡内基带拿破仑·希尔采访了当时最著名的发明家爱迪生，又通过卡内基的联系与帮助，他结识了政界、工商界、科学界、金融界等卓有成绩的近五百位成功者。在研究和思考他们成功经验的基础上进行比对，终于找到了人们梦寐以求的人生真谛——如何才能成功。之后，他根据自己的研究写了一本《成功规律》，为年轻人指点迷津，而他不仅成为美国社会享有盛誉的学者、激励演讲家、教育家、百万美元收入的长期畅销书作家，而且成为两届美国总统——伍德罗·威尔逊和富兰克林·罗斯福的顾问。

面对纷至沓来的荣誉，拿破仑·希尔说："放下犹豫，果断行动是成功的救命稻草。"

拿破仑·希尔的成功，就在于他在机遇来临之时，毅然决然地放弃了徘徊观望的犹豫，在工作中培养出深思熟虑的果断品质与敏捷思维，准确捕捉到稍纵即逝的机遇，冲破懦弱的掌控，并积极主动地行动，坚持自我的不息奋斗，迎难而上，赢得别有洞天的广阔天地。

我们只有放下心中的顾虑，才会结束漫无目的的徘徊、不切实际的权衡，明确自己的目标是成功的开端，继而让行动过程沿着既定的方向不断向前。充分利用一切信息，通过察访、读资料等各种获取信息的途径来核实信息的真实度。自己一旦具备了一定丰厚的真实资料，也就能轻而易举地做出明智的决定，并能坚定不移地直达自己的人生目标。

王安，被誉为电脑界的名人，海内外声名远播。问及其成功原因，他说："只要是自己认定的事情，决不可优柔寡断，犹犹豫豫，而是要果断行动。"

王安在他六岁时的一天，在郊外玩耍时，发现了一个鸟巢被风从树上吹落在地上，从里面滚出了一个嗷嗷待哺的小麻雀，王安将小麻雀捧在手心里，觉得它可爱极了，决定把它带回家喂养。

当王安托着鸟巢走到家门口的时候，他突然想起妈妈不允许他在家里养小动物。于是，他便犹豫地把小麻雀放在门口，急忙走进屋去请求妈妈。令他没有想到的是，在他的哀求下，妈妈终于破例答应了。

王安兴奋地跑到门口，不料小麻雀已经不见了，他看见一只黑猫正在意犹未尽地舔着嘴巴。小王安伤心极了，心想，若不是自己犹豫，小麻雀怎么会死呢？从此之后，他也记住了一个教训：只要是自己认定的事情，决不可优柔寡断。

“正是因为有了六岁时一次犹豫、寡断的惨痛教训，我有意识地培养自己的果断意识，在电脑产业还很超前，没有普及之际，我就敏锐地捕捉到巨大的商机及市场潜力，没有犹豫，我当机立断成立电脑公司，从研发到销售。”

王安在电脑行业之所以声名享誉海内外，很大的一个原因在于他小时候因为犹豫不决痛失小麻雀的经历，使他在日后的生活中努力培养起果断意识，一旦认准商机，不再犹豫徘徊、观望，果断行动，朝目标前行。

这样的事例，在我们身边数不胜数。心存犹豫，无法做决定的人，饱受着心理压力和失败顾虑的折磨，习惯将微不足道的因素当成重要事情来考虑，终使自己一事无成；而综观各行各业的“领头羊”，基本上都是由善于做决定的人在担当。其实做决定并没有什么特别的地方，甚至可以说是很简单的。任何领域有建树的人，无论是企业家、军官、医护人员、政治家还是艺术家，他们在做决定的时候，都采用了一套简单的方法，那就是放下心中的顾虑，果断行动。

既然生活在继续，我们就不要让自己堵在某个人、某件事、某一个路口，而永远不知道海阔天空的世界就一直在自己身边。堵在心头的某一事，只是浮在面上的一个水泡，只要我们能放下心中的顾虑，就能轻装上路，去经历真正的大海，收获丰盛的人生。

准备好，机遇总在不知不觉中降临

拿破仑有句被大众推崇的话：卓越的才能，如果没有机会，就将失去价值。事实证明，现实生活中有很多人因缺乏抓住机遇的能力而一辈子碌碌无为。

大千世界，千姿百态，机遇之花似乎随处可见。但是，你若不能及时地抓住它，它就会瞬间即逝。所以，抓住机遇，它会助你在苦苦跋涉中来一次人生的飞跃，让你获得成功女神的青睐。翻开人类奋斗的史册，我们可以看到，许多人因为抓住了机遇而“柳暗花明”，从而摘取成功的桂冠。

一个叫毛遂的人在平原君门下三年，一直默默无闻，总得不到施展才能的机会。

一次，秦国大举进攻赵国，情况危急。赵王派平原君向楚国求救。

平原君决定挑选出 20 名足智多谋的人随同前往，可是筛来选去只有 19 人符合条件。这时，毛遂主动站了出来说：“我愿随平原君前往楚国。”

平原君一开始不以为然：“一个有才能的人在世上，就好像锥子装在口袋里，锥尖很快就会穿破口袋钻出来，人们很快就能发现他。而你一直未能出头露面显示你的本事，我怎么能够带上没有本事的人同我去楚国行使如此重大的使命呢？”

毛遂并不生气，他心平气和地据理力争：“我之所以没有像锥子从口袋里钻出锥尖，是因为我从来就没有像锥子一样放进您的口袋里呀。”平原君便答应毛遂作为自己的随从，连夜赶往楚国。

平原君到了楚国，可是这次商谈很不顺利。只有毛遂面对楚王，慷慨陈词，对楚王晓之以理动之以情。楚王终于被说服了，与平原君缔结盟约，解围赵国。

事后，平原君说：“毛遂原来真是了不起的人啊！他的三寸不烂之舌，真抵得过百万大军啊！可是，以前我竟没发现他。若不是他挺身而出，我可要埋没一个人才呢！”

试想，毛遂在关键时刻若不主动站出来，及时抓住瞬间即逝的机遇，一辈子只能是空有一番才情和报主之心。他正是及时抓住了一次机遇，才在他苦苦跋涉的人生中来了一次飞跃，由名不见经传之人，一跃为流芳千古之人！

可见，机遇是一个人一辈子的最大财富。有的人因为抓住了机遇，一夜之间从一个名不见经传的小人物，摇身一变，成了一个无人不知、无人不晓的名人；有的人因为抓住了机遇，从一介贫民一跃成为耀眼的商家巨贾；有的人因为抓住了机遇，从此改写自己或平凡、或渺小、或悲惨的命运，而跃上光芒四射的成功圣坛。

许多人抱怨老天不公平，觉得他人总是那么幸运地就能获得老天赐予的机会，而降临到自己头上的机会却少得可怜，连机会的尾巴都没抓住就从指缝里溜走了。

事实却不是如此，不是一加一等于二那么简单。机会其实对于每个人都是公平的，老天在给了我们一些磨难的时候，必定会给予我们一些希望；老天在给予我们一些缺陷的同时，也会赐予我们一些天赋，只要我们认真探索，善于捕捉可遇而不可求的机遇，往往成功与失败就在这电闪的一念之间、一行之间。

职场中也流传一种说法："努力是加法，而机会是乘法。"一个人在职场或商海中若要想获得成功，只一味地苦干、实干还远远不够，还必须善于发现机会、抓住机会。当机会从我们身边经过时，还要看我们有没有一双慧眼去发现它，并不失时机地抓住它，因为机会一溜烟就消逝了，我们及时抓住了，自己也就成功了，没有抓住就一辈子碌碌无为。所以，失败者总是在等待机遇，让机遇白白溜走自己深陷迷茫，而强者却善于抓住机会，在机会中一改过去的渺小而让自己立于不败之地。

日常生活中，我们也常说机不可失，时不再来，机遇如同闪电，如果我们能果敢抓住它，就能创造属于自己的神话。其中，家喻户晓最典型的一个实例，就是《三国演义》中诸葛亮巧借东风，在赤壁之战中歼灭曹操的三十万大军。但东风真的是诸葛亮能借来的吗？显然不是，诸葛亮正是从天文地理的风云星象中发现了将起东风的机遇，从而利用机遇。

机遇，往往就在电闪雷鸣一瞬间，当它来时，往往不易被察觉，这就需要我们用心去识别、去寻找、去创造。倘若我们没有及时把握，错过一瞬，便是一生一世。机遇是一扇门，每个人都平等地拥有，关键在于当机会叩响我们的门窗时，我们是在沉睡，还是醒着，并且是否立即起身开门迎接。

许多人之所以被称之为聪明，就是善于抓住稍纵即逝的机遇，从而拥有一切；而称之为愚昧的失败者，往往让机会成为闪电，从自己眼前一晃而过，让成功与自己擦肩而过。因此，聪明人与愚昧者之间的关键区别，也仅在于当机遇来临时，是否能够当机立断，是否没有丝毫的犹豫，果敢迎接挑战的勇气，果断地抓住它，让自己的脚步迈向不远的成功门槛。

每一次机遇的到来，对任何人来说，都是一次严峻的考验。它不仅需要我们具有坚实的功底和知识储备，更需要我们在看到机遇的时候，拿出拼搏和应战的勇气来。抢抓机遇，将机遇转化为发展，则可突破现实的瓶颈，才能在争夺发展机遇与空间的竞争中赢得主动。反之，无所作为，或者不善作为，再好的机遇也将白白丧失。如同赛车，许多人抓住了机遇，在人生的转弯处超越了别人，更超越了自己，从而将许多人甩在后面，脱颖而出。而有些人降临在身边的机遇白白溜走还不自知，还在抱怨老天不公平，让机遇从自己身边溜走，于是在人生的转弯处便落在了别人的后面或者坠入山谷。

机遇与那些不想改变，安分守己，不思进取之人无缘，因为这群人发现不了机遇，即使机遇在他们面前，他们也总是犹犹豫豫不敢去抓，机遇也总是闪电般与他们擦肩而过；反之，喜欢思考，喜欢冒险，不断地尝试，不断挑战的人，总是能创造机遇，并牢牢抓住机遇，在不断改变之中，成就自己卓越的一生。

机遇对每个人都是公平的，就像时间一样给予我们每个人的，不多不少，都是同样的一天24小时、一年365天。成功与失败只是一念之差，那便是在于一个人是否能当机立断，为稍纵即逝的机遇立即采取行动。通常，一个有成功欲望的人，对机遇是敏感的，机遇一到便会牢牢抓住，或者主动去寻找机遇、挖掘机遇；而失败者却常常瞪大双眼痴痴等待机遇，当机遇在茫茫等待中悄悄溜走、与自己擦肩而过时，也浑然不知。这正如李顿所言："机会造访每一个人，能够及时活用的人少之又少。"

弱者坐失良机，强者制造机遇；谁若是有一刹那的胆怯，也许就放走了幸运在一刹那间对自己伸出来的"香饵"。一旦坐失，就再也得不到了。因此，即使是危险在迎面逼近，我们也要善于抓住时机，迎头抓住它，要比犹豫躲闪它更有利。因为犹豫的结果恰恰是错过了捕捉到它的机会。

机遇是可遇而不可求的，但它却是我们成功的垫脚石，时不我待，当它火花般一现时，我们要立即腾出双手抓住，与它一起绚丽舞蹈，让它引领我们，迈向成功的大门，创造属于自己的辉煌，将成功的桂冠戴在自己头上。

天道酬勤，幸福的人生需要奋斗

意大利有一句俗语：“走得慢但坚持到底的人才是真正走得快的人。”人一旦养成了不畏劳苦、锲而不舍、坚持到底的精神，那么，无论从事什么职业，都能在竞争中立于不败之地。古人所说的勤能补拙，讲的就是这个道理。

社会上人人都想发财，却苦无方法，其实勤劳就是致富的捷径。勤有功，嬉无益，你勤于工作，工作有成果，那就是财富。

毫无疑问，懒惰者是不能成大事的，因为懒惰的人总是贪图安逸，只要察觉到一点风险就会被吓破胆。另外，懒惰者缺乏吃苦耐劳的精神，总妄想天上掉下馅饼。但对成功者而言，他们不相信伸手就能接到天上掉下来的“馅饼”，而是相信勤奋者必有所获，相信“勤能补拙”这句话的深刻含义。

牛顿是公认的世界一流科学家。当有人问他到底是用什么方法创造那些非同小可的理论时，他诚实地回答道：“我总是思考着它们。”有一次，牛顿这样陈述他的研究方法，“我总是把研究的课题放在心上，并反复思考，慢慢地，起初的灵光乍现终于一点一点地变成了具体的研究方案。”

正如其他有成就的人一样，牛顿也是靠勤奋、专心致志和持之以恒才取得成功的。放下手头的这一课题而从事另一课题的研究，这就是他全部的娱乐和休息。牛顿曾说过：“如果说我对社会民众有什么贡献的话，完全只因勤奋和喜爱思考。”

另一位伟大的哲学家开普勒也这样说过：“只有善于思考所学的东西才能逐步深入。对于我所研究的课题，我总是追根究底，想理出个头绪来。”

英国物理学家及化学家道尔顿从不承认他是什么天才，他认为他所取得的一切成就都是靠勤奋点滴累积而来的。约翰•亨特曾自我评论道：“我的心灵就像一个蜂巢，看来是一片混乱、杂乱无章，到处充满嗡嗡之声，实际上一切都整齐有序。这些食物都是通过劳动在大自然中精心选择的。”你可以理解这段话吗？这里的劳动指的就是他所具备的人格优势，并非才智过人，他只是比一般人更勤劳罢了。只要翻一翻那些大人物的传记，我们就知道杰出的发明家、艺术家、思想家和著名的工匠等，他们的成功都归功于勤奋和持之以恒的毅力。

英国作家狄斯雷利认为，要成就大事必须精通所学科目，但要精通学科，只有通过长时间连续不断的苦心钻研，除此之外，别无他法。因此，从某种程度上来说，推动世界前进的人并不是那些天才人物，而是那些智力平庸却非常勤奋努力的人；不是那些智力卓越、才华洋溢的人，而是那些不论在哪个行业都认真坚持、不畏困难的人。

天赋过人的人如果没有毅力和恒心作后盾，只能绽放转瞬即逝的火花，而意志坚强、持之以恒但智力平庸甚至稍显迟钝的人，最后却会超过那些只有天赋而没有毅力的人。

罗伯特·皮尔正是因为养成了勤奋的工作态度，才成为英国参议院中的杰出人物。当他年纪很小的时候，他父亲就让他站在桌子边练习即席背诵、即席作诗。他父亲让他尽可能多地背诵格言警句。当然，刚开始并没有多大的进展，但日子久了，他也能逐字逐句地背诵出那些格言的全部内容。这一训练为他日后在议会中以无与伦比的演讲艺术驳倒论敌立下了根基，而他在论辩中表现出来的惊人记忆力也是他父亲早年对他严格训练的成果。

在一些最简单的事情上，反复的磨炼确实会产生惊人的效果。拉小提琴看起来十分简单，但要达到炉火纯青的地步绝对需要无数次辛苦的练习。有一名年轻人曾问小提琴大师卡笛尼学拉小提琴要多长时间。卡笛尼回答道：“每天数个小时，连续坚持数年。”

每一点点进步都是得之不易的，任何伟大的成功都不是唾手可得的。许多著名的科学家和发明家所拥有的都是勤奋刻苦的人生。对于想成就大事的人来说，勤奋是最好的捷径。

克服懒惰，一勤天下无难事

我们从小就知道“勤能补拙”，也知道很多人通过勤劳实干取得成功的事例。可是，现实生活中还是有很多人在工作中偷懒。

懒惰者终究要为自己的“懒”付出沉痛代价。想获得幸福的人，千万不能陷进懒惰的深渊。

要想把工作做得更好，在工作中获得成功，勤奋是必不可少的。要想在这个人才辈出的时代获得成功，唯有依靠勤奋工作。

一个人想要把工作做得更好，就必须培养勤奋的品格。因为勤奋是保证工作质量的前提。一个懒惰的人只会应付自己的工作，又怎能把工作做到更好呢？

小李在长沙一家机械销售公司工作，有一次，他通过朋友介绍认识了一位潜在客户，他得知这位客户是一位大型农场的农场主。互相留了名片之后，双方道别。

一个月后，正值周五，小李接到了这位客户的电话，对方在电话中称，他现在急需一部质量好一点的收割机，希望小李能够到农场来看看具体情况，帮助他做出最正确的选择。

面对这样的需求，小李心里自然很高兴，但他又有些犯难，因为他最近已经连续加班了多次，本来约好了周末要跟几个朋友一起去爬山野炊，他该怎么办？

面对客户强烈的需求，小李最终还是答应下来了，并且把情况汇报给了主管，主管也很重视这件事，还在他出发之前提醒他，一定要在当地多调查，通过调查找出最适合客户的机器。

小李嘴上答应下来了，但心里却不是这么想的。他不想因为这件事情耽误太多的时间，他决定周六去看看，晚上就回来，周日再与老朋友一起去爬山。

周六早上，小李坐火车到了客户那里，客户专程开车来车站接他。在去农场的路上，客户一路上都在跟他谈农场的一些情况，两人聊得倒也投机。

中午吃了饭，小李就跟客户一起到农场。在草草了解了农场之前用的收割机后，小李又简单看了一下农场的规模，然后告诉客户，自己必须要赶火车走了。客户见他着急，也没再说什么，又开车送他去了火车站。

第二天，小李就如约和朋友一起爬山游玩。周一的时候，小李想起了这件事情，就给那位客户推荐了一款普通的收割机。

客户沉默了很久，说：“小李啊，看来你还是不了解我这边的情况啊，你推荐的收割机只适合中小型农场，而且对农场的土质要求也比较高，你那天到我这儿来也看到了，我这边什么情况，你难道一点儿都不知道吗？”

面对客户的质问，小李哑口无言。小李因为自己的失误而丧失了客户，并且受到了公司领导的严厉批评。

从这个故事中我们可以看出，一个人只有勤奋地去做事，才能够弥补自己能力上、经验上的不足，把工作做好。

由于不肯付出，懒人只会整天怨天尤人、精神沮丧、找各种借口、无所事事。懒人这辈子不可能在社会生活中成为一个成功者，只能是失败者。比尔·盖茨曾给一位年轻人写信说：“你这种懒惰行为，所谓没有时间等等，都只是一种借口而已，你总是用种种漂亮的借口来为自己辩解，我看你最根本的一条就是不肯努力，不肯下功夫。”

人一旦产生懒惰的情绪，本来有才智也得不到开发，最后只能变成废人。懒惰是腐蚀剂，我们千万要远离。

“水滴石穿，绳锯木断”的道理我们很多人都知道，但为什么就不知道让自己变得更加勤奋一点呢？一个勤奋的人可以把一件很难的事情做好，一个懒惰的人却无法做好一件很简单的事情。所以，我们一定要勤奋，因为只有这样，我们的成功才能够得到保证。

把每一天当作最后一天来奋斗

虽然我们还没有成功，但也不愿承认我们就是失意的人，所以，我们都还在路上。既然在路上，我们就得不断地激励自己向前进，即便遇到困难也要勇往直前。但人生总有不如意的时候，会有各种挫折与困难，我们又会开始否定自己的初衷，否定自己的能力，否定自己的一切。这一刻的我们，是不是把结果看得太重了呢？

我们总讲求问心无愧，我们为了各自的事业、梦想，付出过不懈的努力，即便失败又怎样呢？我们就一跌到底了吗？所以说，我们应该不断地激励自己，永远也不要否定自己，把每一天的努力都当成是下一秒，把每一天都当作最后一天来奋斗。

乔布斯，是世界市值第一的上市公司——市值达6235亿美元的苹果公司的创始人，被人们称作是“改变世界的天才”，先后领导缔造了麦金塔计算机、iPad、iPod、iTunes、iPhone 等诸多知名产品。

乔布斯的人生格言就是“把每天当作最后一天”，他曾在一次演讲中说：

“当我 17 岁的时候，我读到了一句话：‘如果你把每一天都当作生命中最后一天去生活的话，那么有一天你会发现你是正确的。’这句话给我留下了很深印象。从那时开始，过了 33 年，我在每天早晨都会对着镜子问自己，如果今天是我生命中的最后一天，你会不会完成你今天想做的事情呢？当答案连续多天是‘No’的时候，我知道自己需要改变某些事情了。

‘记住你即将死去’是我一生中遇到的最重要箴言。它帮我指明了生命中重要的选择。因为几乎所有的事情，包括所有的荣誉、骄傲，所有对难堪和失败的恐惧，这些在死亡面前都会消失。我看到的是留下的真正重要的东西。你有时候会思考你将会失去某些东西，‘记住你即将死去’是我知道避免这些想法的最好办法。你已经赤身裸体了，你没有理由不去跟随自己内心的声音。”

乔布斯用“记住你即将死去”来提醒自己，把每一天当作是最后一天去奋斗。正是这种坚定的信念指引他，去实现自己的人生梦想，去践行自己的存在价值，才成就了自己的人生奇迹。

有人会觉得，那样的努力方式岂不会累坏了身体？其实也并不是那样，真正合理的工作方式是张弛有度的，而不是那种工作狂式的方法。

而且当一个人专注于一件事的时候，是感受不到外界环境的，自然也就感受不到痛苦与劳累，甚至是一种愉悦的状态。现在很多人沉迷于各种事物，无法自拔，可为什么不能把那种沉迷的态度用到为自己的梦想努力上呢？

我们每个人都可以为自己的梦想制订一份详细的、合理的实施规划，我们可以按照这份规划行事，只要我们把每一天都当成是最后一天，把当天要做的事情做完，不要拖到明天再去做，我们就能获得最终的成功。

梦想不是急于求成的，但也不是放任自流的，我们要把每一天当作是最后一天去努力，要按照结合自身制订的合理又科学的人生规划去实行，一步一步，踏踏实实地走好人生路。

用“工匠精神”勤勉自己

一个人如果想成为其所在行业中的一名好“工匠”，离不开敬业的职业作风以及勤奋忘我的工作态度。勤奋不仅是一种脚踏实地的工作作风，还落实在作为一名“工匠”一步一个脚印地恪尽职守的工作环节中。

正所谓“业精于勤，荒于嬉”，人要想成为技艺超群的工匠，没有兢兢业业、勤于上进、努力工作的精神是不行的。勤奋不是只“挂在口头”，而是要付出行动，尽自己最大的可能积极主动地去完成任务，而不是被动地等待领导的安排或督促，这样才能让自己适合岗位的要求。虽然这个过程相当辛苦，可能要比那些随便应付工作的人付出更多的心血和汗水，但只有这样忘我地勤奋工作，人才能实现自己的职业理想，才能不断提高自己的工作能力。

虽然所有的员工都明白“勤能补拙”的道理，然而在工作中，真正能做到勤奋敬业、为实现自己的目标而不懈努力的人还只是“凤毛麟角”。有人说：“我的脑子聪明，业务上的事对我来说易如反掌，不需要特别勤奋同样能做好。”也有人说：“只要我掌握了有效的方法和技巧，勤奋与否不是很重要。”其实，上述这些人虽然靠“小聪明”可能会在工作中顺风顺水，但注定不会成为行业中的精英“工匠”。好员工不仅需要掌握有效的方法和技巧，还需要靠勤奋来实现其远大的理想和目标。

不要怀疑勤奋的力量，伟大的发明家爱迪生有一句至理名言：“成功是1%的天分加上99%的汗水。”可见，天分虽然也很重要，但更重要的是勤奋。

兵马俑刚刚出土的时候，两千多年的历史积尘已经把它们压成碎片。如何让这个碎片化的历史文化奇迹完整挺立起来，当时全世界也没有人面对过这么大的难题。兵马俑军阵的原型是一个天下无敌的农夫军团，拓开了秦帝国的万里版图。同时代的工匠以雕塑形式凝定了他们的雄姿。后世的工匠们能够让已“粉身碎骨”的兵马俑恢复原身吗？

马宇成为最早接触这项工作的群体成员之一。兵马俑深埋两千多年，大部分陶片和地下环境已经形成了稳定的平衡关系，突然出土，是他们存身环境的巨大改变。为了避免环境变化对文物造成二次损害，一号坑保留了原始的自然环境，大量修复工作都是在现场进行。

每到夏季来临，覆盖着大棚的兵马俑坑就成了“大蒸笼”，坑内的温度往往达到40摄氏度以上。工作过程就是一直在用热汗洗头洗脸；

衣服湿了又干，干了再湿。这时，汗水是聚合兵马俑碎片的第一黏合剂。即便如此，也不能因为燥热而失去专业化的冷静心和职业化的敬畏心。

由于年代久远，兵马俑陶片表面非常脆弱，修复人员用刮刀清理的时候，既要刮净泥土，又要保证文物的完好，走刀的分寸拿捏极为较劲。为了练就这项技艺，马宇在修复兵马俑之前，花了两年时间，在仿制的陶片上用手术刀不停地磨炼手感，走了上千万刀，才把握住毫厘之间的分寸。

在碎片堆里拼接兵马俑的过程中，只要有一块陶片位置出现错误，整个拼接过程就必须重来。拼接难度最大的是那些体积小、图案较少的陶片，为了一块陶片，马宇有时需要琢磨十多天，反复预演数十次，甚至上百次。正因为这样，一件兵马俑的修复往往需要耗时一年，甚至更久。

近二十年来，马宇参与了秦始皇兵马俑修复工作的各个阶段，兵马俑的第一件戟、第一件石铠甲、第一件水禽都是马宇修复的。修复工作者用自己的人生时光作为黏合剂，把破碎的历史拼接成型，当威武列队的兵马俑军阵为全世界所敬仰的时候，马宇和同事们真切体会到了使命的价值。

每个人都有惰性，惰性并非人的本性，而是一种因缺乏激情和动力养成的“习惯”，懒惰很容易使人养成做事拖拉的习惯。懒惰的人在工作时如果一直都处于低迷、无效率的状态，很多事情就会被延误下来，久而久之就会养成拖拉懒散的坏习惯。

有一句家喻户晓的俗语："任何时候都可以做的事情往往永远都不会有时间去做。"惰性常常使得人们做事拖沓，浪费宝贵的时间。

人如果想要在自己的事业中取得成功，秘诀之一就在于必须克服自己的惰性，勤奋敬业地工作，千万不要有那种"我待会儿再做"或者"这件事情并不紧急，我明天再做"的想法。不论是"待会儿"还是"明天"，都是在拖延时间，这种惰性虽然让自己换得了片刻的轻松，但工作并不会就此消失，它依然没有解决，你总得去完成它。拖延既是对工作的不负责，也是对自己的不负责。

身为职场中的员工，我们时刻都要牢记：落实责任是不能拖延的，人们必须和懒惰"说再见"，一个人只有踏踏实实地勤奋工作，才能成就自己的事业之路，实现人生目标。

第八章

不要等待，未来已来

人生只有走出来的美丽，没有等出来的辉煌

智者与愚者最关键的区别就在于：愚者争虚名，沉溺于往事，输掉今天，更输掉未来；智者务其实，珍惜当今，着眼于未来。

过去有我们追梦时一路辛苦播撒的汗水，有我们偶遇的心爱珍品，过去的许多经历，也的确值得我们回味、记录，弃之当然会有割断依依情丝的疼痛，但智者懂得，没有挥剑斩除的勇气告别这些剜肉之疼，总是徘徊在昨日与明朝的惆怅之中，让前进的步伐因过去的行囊而蹒跚，让脆弱、敏感，甚至逃避的情绪相伴随，最终只能使悔恨的泪水空对一事无成，让青丝转眼成白发。

智者会在人生这辆快车上，在一站站聚合离别或喜或悲之中，成熟地选择舍掉过去负荷，义无反顾地坚实脚步，因而总能构筑出更加美好的未来。

我们身边，有很多人因为见识不高或信息不通等原因，看人生、看

事物，往往只看当下，缺乏远见，为了眼前的蝇头小利，不惜牺牲未来的宏远前景。而真正的智者，则登高望远，把目光瞄准未来。正是他们预先看到了未来的远景，才能正确地看待眼下的平淡无奇，咬定心中的那个目标，坚持不懈地前行，把路上的种种遭遇当成风景，把低谷时的种种历练当成乐趣。即使路途坎坷也不贪走便道，即使付出多于收获，也不觉得吃亏。他们用自己的远见将自己摆渡到未来的成功彼岸。

智者在厚重的人生体验之中懂得满脸微笑地迎向更加明媚的未来，因为生命本来就是一个体验的过程，得与失不过是处在永恒的变化中，昨天得不到，不代表今天不会拥有；而今天所拥有的，不代表明天还依旧，但世间的机会是公平的，需要我们积极主动地踏前一步：割舍自己的过去，珍惜自己当下所拥有的。割舍过去着眼未来，则看到的都是未知与希望，促使自己专心致力于既定的目标，风雨无阻，大步向前，努力为将来创造一笔不可估量的财富。

痴迷于钢琴演奏的杰森，以三分之差被阻隔在音乐学院之外。他认为是考官不公、录取存在作弊，他为这些纠结痛苦不堪，甚至一度产生轻生的念头。

父亲告诉他，一场考试决定不了人生成败，许多考试还在未来等着他！父亲的话将杰森一步步引领出考试失利的阴霾，着眼于当下的生活和出路。

10年后，杰森作为一位成功的企业家。有一天，他陪着父亲去一家昂贵的餐厅用餐。餐厅里有一位钢琴演奏者，正在为大家演奏。杰森在聆听欣赏之余，想起当年自己迷恋钢琴的梦想，而且几乎为之疯狂的地步，便对父亲说；“如果我能被音乐学院录取的话，现在也许就会在这儿演奏了。”

“是呀，杰森，我的儿子。”父亲回答，“不过那样的话，你现在就不会坐在这儿用餐了。”

我们常常会像杰森一样，为失去的机会而叹惜，却往往忘了感恩和珍惜现在所拥有的东西，反而去追求一些不切实际的东西，直到把拥有的也失去了，方才后悔莫及。好在杰森有一个智慧的父亲，时刻提醒他应该着眼于未来，才让他拥有成功的现在和将来。

智者深知，时空不会倒转，光阴逝去不会重来，不幸、得失，已经过去，就不用再执着，就让它慢慢过去，只有挥别过去，珍惜现在，笑着迎接未来，感受当下点滴的快乐，才会幸福而充实地去经营出一片明朗的天地。灿烂的明天，美好的未来，正在向自己招手。

智者懂得人生最珍贵的，不是得不到和已失去，而是现在所拥有的，只有告别过去，不再为过去迷茫、懊悔，珍惜眼前所有，着眼于未来，在一天天沉稳的构建中，点点滴滴成就自己辉煌的将来。

智者不会在昨天的烦恼之中哭泣，而是调整好自己的心态告别过去，接受现实，怀揣一颗进取之心，将远大的人生目标与工作实践相结合，脚踏实地，一步一个脚印，走出属于自己的一片美好未来！

奋斗永远比等待更多一次成功的机会

理想的实现得益于进取的欲望。

一枚草籽不幸地飘落在一条石缝里，被一块巨石紧紧地压着。这儿本来是它不应该到的地方，这里与阳光隔绝，石缝里仅有一点点泥土，下雨时雨水也不曾洒向这里，水偶尔会从石面渗透下来几滴。但是，面对恶劣环境的考验，草籽不曾放弃，它坚守着一生要绽放自身青绿的信念，顽强地活着，当阳光偶尔反射到这里时，它尽情地舒展；当雨水滴落下来时，它尽情地吮吸。它就这样顽强地活了下来。最后，它终于从一瓣嫩芽长成了一棵翠绿的青草，从巨石下面钻出来，昂起了它高贵的头，实现了自己的梦想。

富林克林23岁时，便写下了自己的《墓志铭》：“本杰明·富林克林，一个印刷工的遗体在此长眠。就像一本旧书的封面，目录已被撕去，字母和镀金已经剥落，他的遗体将会腐朽，但他的著作将会永垂后世。他深信他的著作经过编者的校订与修改，会以更新更美的版本再度面世。”

艰苦的环境能锻造出坚毅的性格，理想的实现得益于进取的欲望。人只要努力，就能实现自己的理想。

库帕是美国一位无线电喜爱者，他很崇拜无线电界的资深人士乔治。他大学毕业后找不到工作，决定去乔治的公司试试。他想日后也能像乔治一样在无线电行业取得巨大的成就。

当库帕敲开乔治的房门时，乔治正在专心研究无线电话，也就是我们现在常用的手机。库帕将自己在心里想了良久的话在乔治面前讲了出来，他说：“尊敬的乔治，我很想成为您公司的一员，当您的助手，我不求待遇……”谁知，还没等库帕说完，乔治便粗暴地将他的话打断了。乔治用不屑的眼神看着库帕说：“请问你干无线电多长时间了？”库帕坦率地说：“我是今年刚毕业的学生，没干过无线电工作，可是我很喜欢这项工作……”乔治再次粗暴地打断了库帕：“年轻人，我看你请出去吧，请你别再耽误我的时间。”原本坐卧不安忐忑不定的库帕，这时神色反倒舒缓了下来，他不慌不忙地说：“我知道您此刻正在忙什么，是在研究无线移动电话是吗？也许我能够帮上您的忙呢！”但乔治仍下了逐客令。

1973年的一天，库帕拿着一个约有两块砖头大的无线电话，引得过路人纷纷注目。

这就是手机的发明者库帕的故事。乔治怎么也没想到，昔日被自己拒之门外的年轻人真的在自己之前研制出了无线移动电话——手机。现在，手机已成为人们日常生活中不可或缺的通信工具，库帕的名字也为人们所熟知。

进取的欲望有多大，人就能够走多远，人生的舞台就会有多宽！人可以改变可以改变的一切，并适应不能改变的一切！你现在没找到路，不等于没有路，乌云永远遮不住理想的光辉！

一所国际知名大学30年前曾对当时的在校学生做过一项调查，内容是个人目标的设定和规划情况。调查数据显示，没有目标和规划的人有27%；目标和规划模糊的人有60%；短期目标和规划清晰的人有10%；长期目标和规划清晰的人只有3%。30年后，这所大学再次找到了这些研究对象，并做了新的一轮调查，结果发现，第一类人几乎都生活在社会的最底层，长期在失败的阴影里挣扎；第二类人基本上都生活在社会的中下层，没有太大的理想和抱负，整天只知为生存而疲于奔命；第三类人大多进入了白领阶层，生活在社会的中上层；只有第四类人为了实现既定的目标，几十年如一日地努力拼搏、积极进取、百折不挠，最终成了百万富翁、行业领袖或精英人物。由此可见，30年前对人生的展望和规划情况决定了一个人30年后的生活状况。

人的心灵需要理想甚于需要物质。理想不付诸行动，只是虚无缥缈的“雾”。理想的实现得益于进取的欲望。人最大的敌人不是别人，而是自己，只有战胜自己，才能战胜困难！

看了那么久，不如动动手

心理学家发现，人在决策的过程中如果犹豫不决、优柔寡断，虽然显得做事谨慎，但也会失去赢得宝贵财富的机会。

人生的航道不会一帆风顺，奋斗中的每段经历，虽然可能都蕴藏着挫折和困境，但也都蕴藏着成功的机会，敢于行动的人往往可以开拓新的境界，而被动的人只能被迫去适应这个世界。在一个公司或团队中，主动的人会有更大的学习空间，得到更好的锻炼机会。

亚都饭店的创始总裁，只是一个中学毕业生。他 23 岁进入美国运通的时候，所从事的是传达工作，但他却天天主动留下来，帮那些想先下班的员工处理传真、资料等工作。因为他愿意帮助别人，别人也愿意把自己会的东西教给他，他的知识、能力大增。23 岁的传达室小弟，28 岁便当上了美国运通公司中国台湾地区的总裁。

人生的目标也许不是一开始就能够确定的，它也许和你现在所从事的工作相差甚远。如果你想得到全面发展而不愿意在安逸的现状中碌碌无为地虚度年华，心动是第一步，行动才能产生效果。只要全力以赴地去专心做事，不让其他事情分心，不给自己过多的负担，做好人生规划，持之以恒，不畏艰难，就有成功的希望。

一个人要到某地去，路程很近。正因为近，所以这个人一点都不着急，迟迟不愿动身。“什么时候想走，一抬腿就到了。”他安慰自己。他每天要做的事情太多，他太忙了。他没有忘记自己还要赶路，可是真到下决心要走时，又安慰自己：“反正一抬腿就到。”路程虽然很近，但这个人始终没能到达目的地。不抬腿，再近也到不了哇！

“说是做的仆人，做是说的主人。”很多人终其一生都在等待，“等到我大学毕业以后，我就会……等我把这笔生意谈成之后，我就会……下星期我就找时间出去走走；退休后，我要好好享受一下。”他们愿意牺牲当下去换取未知的等待，认为必须等到某时或某事完成之后再采取行动。然而，生活一直在变动，环境总是不可预知，在现实生活中，各种突发状况总是层出不穷，原本预期过好日子，可一件意料之外的灾难，刹那间可能会使生命一片黑暗。所以，我们不须等到生活完美无瑕时再去做，想做什么，现在就可以开始。

一个姑娘工作上发生了诸多波折，她不知道如何改变这种现状，很是苦恼。一次，她在参观美国旧金山市政厅时，信步走到市长办公室门口，不由地敲了门。一个壮实威武的保镖走了出来，问道："小姐，我能帮忙吗？"她愣住了，顿了一会儿，她说出了自己心中一直以来认为不可能实现的愿望："我能见见市长吗？"保镖仔细端详了她一番，说道："能，不过你得稍等片刻。"说罢，他用呼叫器和市长通话，通告此事。不一会儿，市长走了出来，很开心地和她拍了照，并聊了一会儿天。她格外开心，也悟出了一个道理：想做就赶快做，千万不要等。

有一句格言说：我们老得太快，却聪明得太迟。生命一直在前进，每个人的生命都有尽头。许多人经常在生命即将结束时，才发现自己还有很多事没有做，还有许多话来不及说，这实在是人生中最大的遗憾。生命中大部分美好的事物都是短暂易逝的，所以别把时间浪费在等待"圆满"的结局上，只有自己才能改变现状和命运的走向。如果你不想在垂暮之年空有"为时已晚"的余恨，那就要把握当下，踏踏实实地从第一步开始。

脚踏实地，别让奋斗被浮躁绊倒

天有不测风云，人有旦夕祸福，人生很难有完美的旅程。一个乐观聪明的人懂得去寻找快乐，并放大快乐来驱散愁云。快乐的人遇上高兴的事，会迅速传达给亲人和朋友，在分享中让快乐的情绪感染更多的人。他不会为自己和家人设置心灵障碍，不会让琐碎的小事杂陈心头。

生活中总有不如意的时候，人要学会寻求快乐，适当地激励自己，调整心境。其实快乐无处不在，生活中时时充满快乐：买到自己喜欢的漂亮衣服；吃到自己想吃的美味食物；想睡的时候，睡一大觉；想玩的时候，尽情去玩；有自己喜欢的宠物；有无话不谈的知己……只要有其中之一，能够随心所欲，就可以算有快乐的理由了。

在生活里，有许多东西是人无法改变的，或者说，与其你要改变生活里的东西，不如改变自己。事实证明，名利思想过重的人，容易患病、衰老和早亡，这类人整日心事重重，愁眉苦脸，几乎没有笑容。名与利本身不是坏事，它可以促使人奋发向上，问题就在于以何种思想来指导名利观。当你从事某项工作获得成功时，如果首先就想到名和利却又得不到满足时，心理就会失去平衡，产生消极、悲观、愤怒的情绪。

快乐的人并一定有很多钱，但有的是闲暇、闲情；也许你没有闲暇、闲情，但有的是力量，有充沛的精力与体力，有健康的身体和有价值的生命，有心智来创造愉悦和激情。快乐的人，首先要做的，就是做自己最喜欢做的事。

幸福是一种心理感受，与年龄、性别和家庭背景无关，而是来自轻松的心情和积极的生活态度。

建立自信心。生活中，得与失时常发生，并直接影响到我们的心境。所以，建立起自信心是十分必要的。那么，怎样才能建立起自信呢？我们要相信自己，要坚信自己能够成功，每时每刻都保持一种向上的最佳精神状态。

正确认识人生和世界。视野广阔、胸襟开朗、有见地是生活快乐、充实、懂得珍惜和享受人生的基础，尽管有时因生理的节奏或天气、健康的影响而导致出现短暂的情绪低落，也会很快恢复过来。

把自己融入团体之中。人在无聊寂寞的时候，容易胡思乱想、情绪低落。在工作、学习和家庭生活之外，把自己融入团体之中过群体生活，不仅可以学会与别人相处，还可以让自己更快乐。

培养兴趣。人生多姿多彩，如果我们能够在生活中寻找到并热衷于培养兴趣爱好，那么，不仅个人生活更加丰富，而且会越来越觉得每一天都过得很有意义。

不抱怨生活。快乐的人并不比其他人拥有更多的快乐，而是他们对待生活和困难的态度不同，他们从来不会在“生活为什么对我如此不公平”的问题上做过多的纠缠，而是努力去想解决问题的方法。

不贪图安逸。快乐的人总是离开让自己感到安逸的生活环境，快乐有时是在付出了艰苦的代价之后才会积累出的感觉，从来不求改变的人自然缺乏丰富的生活经验，也就很难感受到快乐。

勤奋工作。专注于某一项活动能够刺激人体内特有的一种荷尔蒙的分泌，它能让人处于一种愉悦的状态。工作能激发人的潜能，让人感到被赋予责任，让人有充实感。

生活的理想。快乐幸福的人总是不断地为自己树立一些目标。通常我们会重视短期目标而轻视长期目标，而长期目标的实现更能给我们带来幸福的感受，你可以把目标写下来，让自己清楚地知道为什么而努力。

心怀感激。人的生存不是孤立的，而是相互依赖的。在人群中，每个人的思想、性格、品质不尽相同，所表现的言行也各异。抱怨的人把精力全集中在对生活的不满上，而快乐的人则把注意力集中在能令他们开心的事情上，他们更多地感受到生命中美好的一面，对生活充满感激，所以他们更感到快乐幸福。

感恩让心中的花盛开

常言道：“滴水之恩，当涌泉相报。”这句话所蕴含的意思，就是说一个人要懂得感恩。

细想起来，日常生活中，我们的亲人，我们身边的同事，我们的上司，为我们付出的何止是“一滴水”？他们的爱护、担忧、叮嘱，可汇聚成一片碧海蓝天，可是我们往往忽略了这种关爱，缺乏感恩情怀的心田里杂草丛生。

在一个闹饥荒的小镇里，一个家庭殷实而且心地善良的面包师，把小镇里最穷的几十个孩子聚集到一块，然后拿出一个盛有面包的篮子，对他们说：“这个篮子里的面包你们一人一个。在上天带来好光景以前，你们每天都可以来拿一个面包。”

顿时，这些饥饿的孩子一窝蜂似地涌了上来，他们围着篮子推来挤去大声叫嚷着，谁都想拿到最大的面包。当他们每人都拿到了面包后，竟然没有一个人向这位好心的面包师说声谢谢就走了。

但是有一个叫阿依的小女孩却例外，她既没有同大家一起吵闹，也没有与其他人争抢。她只是谦让地站在一步以外，等别的小朋友们都拿到以后，她才把剩在篮子里最小的一个面包拿起来。她也并没有像其他小朋友一样急于离去，而是向面包师表示了感谢，并亲吻了面包师的手之后才向家走去。

第二天，面包师又把盛面包的篮子放到了孩子们的面前，其他孩子依旧如昨日一样疯抢着，羞怯、可怜的阿依只得到一个比头一天还小一半的面包。当她回家以后，妈妈切开面包，许多崭新、发亮的银币掉了出来。

妈妈惊奇地叫道："立即把钱送回去，一定是主人揉面的时候不小心揉进去的。赶快去，阿依，赶快去！"当阿依把妈妈的话告诉面包师的时候，面包师面露慈爱地说："不，我的孩子，这没有错。是我把银币放进小面包里的，我要奖励你。愿你永远保持现在这样一颗感恩无私的宽广心。回家去吧，告诉你妈妈这些钱是你的了。"

面包师从阿依每次总是最后一个拿小面包的细节之中，感受到这个孩子在妈妈的耳濡目染之下，在小小的事件面前，也心怀感恩。面包师对这对心怀感恩的母女俩，给予了丰厚的奖赏。

我们只有在感恩鼓励自己的良师益友时，才能给予自己希望；我们在感恩上司给我们提供工作的机会时，工作的热情才能照亮自己前进的道路；我们在感恩指导自己的人时，才会让自己进步；我们在感恩批评自己的人时，才会使自己得到锻炼；我们在感恩伤害自己的人时，才会在磨炼中锻炼自己的意志……我们在感恩之中，收获的是另一种天高海阔、云淡风轻的美好境界。

一个人一旦拥有感恩的胸怀，就不会患得患失，斤斤计较，懂得包容，更懂回报，以一种更积极的态度去回报他身边的人，摒弃那些自私的欲望，使心灵变得澄清明净，心怀孝心，营建快乐，包容一切，懂得取舍，明悟得失。我们也只有在感恩的情怀之中，才会放开自己的胸怀，让霏霏细雨洗刷自己心灵的污浊，发现生活原来可以使自己变得这么快乐，会让我们心无旁骛地享受生活，使自己将职场中的负担变成轻松，将忙碌的工作变得快乐，懂得坦然面对人生中的得与失，让困境成为前进的垫脚石，让感恩的微笑，像鲜花一样美丽地绽放在容光焕发的脸上。

感恩阳光带给我们光明和温暖；感恩水源滋养了世间灵性；感恩父母给了我们生命；感恩亲情、友情陪着我们越过了孤独和黑暗；感恩老板给了我们一份职业……所有感恩的情怀，是从我们血管里喷涌而出的一种钦佩，是不忘他人恩情的可贵情感，它可以消解一个人内心所有积怨，可以涤荡世间一切尘埃，让自己在尘土中自立、自强。

走出自己的路，为自己的人生掌舵

一味地随波逐流，会让我们失去独立思考的能力，会让我们失去做人的最根本。而坚持原则，坚持真理，不随波逐流，更是一种勇气和精神。这样做的确会冒得罪他人的风险，也难免会因得不到他人的理解而受委屈，然而这种公正的品德终会赢得世人的尊敬。

环境是因人而变的。只有那些勇于改变环境的人，不满足于自己的处境，想方设法去改变它，才能让自己和周围环境一起成长，最终成为社会进步的主流。

勇敢做自己可不是件容易的事。人生不可能一帆风顺，但不管世俗的眼光怎么看，无论遇到多少艰难困苦，哪怕被归为异类，只要认为自己所做的事是正确的，我们就应该大胆去做，唯有如此，才能保持自己的个性，才能脱颖而出。

社会上的很多人，总是因为太在意别人的眼光而做事畏首畏尾，放不开手脚，也会因为被批评不够“合群”，被“孤立”而黯然神伤。很多人为了与周围的人达成一致，而隐藏真实的自己，向别人妥协，被人牵着鼻子走。

有一种行动敏捷又聪明的螃蟹，可以从任何一种捕蟹笼中脱身，因此很难被抓到。但是，为什么每天仍有成千上万只这种螃蟹被捕捉呢？这种捕蟹笼是用铁丝做的，顶部被开了一个洞，底部放着诱饵，然后把笼子放在水里。一只螃蟹爬了进来，开始大口地嚼着诱饵，第二只螃蟹紧随其后，随后是第三只，第四只……不一会儿，所有的诱饵都被吃光了。

这个时候，螃蟹其实可以很容易地从笼子的四壁爬上去，爬出洞口，但它们选择留在了笼子里。虽然诱饵早已被吃光，但仍会有越来越多的螃蟹爬进来。

如果有一只螃蟹认为没有待在笼子里的必要，打算离开，其他的螃蟹就会群起而攻之，阻止它爬出去。它们会把那只打算离开的螃蟹从笼壁上拉下来，如果它坚持要爬出去，其他的就会扯掉它的爪子，不让它爬。如果它仍然坚持，它们就会把它杀死。

由于大多数螃蟹的阻挠，打算离开的螃蟹只好和其他的螃蟹一起待在笼子里。人们在码头吃晚餐的时候，笼子被拉了上来，这些螃蟹就成了餐桌上的美味。

人类和这种螃蟹最大的区别在于螃蟹生活在水里，而人类生活在岸上。如果你是个有着独立思想，与众不同的人，那么，就放手做自己想做的事吧！不要被别人的怀疑、嘲笑、讽刺或者羞辱，逼退你的理想和抱负。不要让这些人阻碍你追求目标的道路。

“近代化学之父”道尔顿小时候曾因为把红看成绿被同伴嘲笑“绿眼猴”，给母亲买的深蓝色袜子错选了鲜艳的色彩，很是尴尬。但他没有顾忌别人的嘲讽，专心研究这一怪异现象，走自己的路，终于发现了隔代遗传的“色盲”。百万富翁阿瑟·弗赖伊小时候到唱诗班唱歌时，发现书本里做记号的书签不见了，让他很是狼狈，他想：要是有一个能固定不动的书签该多好啊。他不顾别人嘲笑，最后发明了不干胶，造福人类。正是因为他们保持坚定的信念，克服了重重困难，“走自己的路”，才得以成功。

人生之路，坎坷泥泞是在所难免的，摔个跟头别难过，爬起来，弹弹身上的尘土，继续前行，前方就是一片明亮的天。人生的道路虽然漫长，但没有比脚更长的路，没有比人更高的山，紧要处往往只有几步。走在悠悠的人生道路上，每迈出一步都是一种考验。别厌恶泥泞，越是泥泞，越能留下深深的脚印；别抱怨坎坷，一条崎岖不平的路，就是一条绚丽的彩带。

路是脚踩出来的，历史是人写出来的，人每一步都在书写自己的历史。如果世上的事物都平淡无奇，又何须拼搏、奋斗。

成功就是按照自己的目标，认真的生活、学习，始终沿着自己选择的道路，做一个永远奋斗的人！

找到自我，永远走在奋斗的路上

奋斗是成功的前提，我们认准通向成功的唯一捷径——奋斗之路。站在起点，我们唯有奋斗，才能超越自我，才能改变我们的人生，改变我们的生活。大到国家的富强，小到个人的成功，无不需要建立在个人的奋斗之上。

没有人不渴望被成功的鲜花和掌声包围，没有人不渴望成功的五彩光环播洒在自己头上，没有人不渴望令万人羡慕的成功。然而，只是一味地空想，成功不会光临，唯有奋斗，才是成功的前提。

成功，既有世俗意义上的成功，如某个领域的成就，又有个人意义上的成功——超越自己。一个人若不为自己的理想而奋斗，其人生就是毫无意义的。我们为学术、为金钱、为生活、为爱、为一颗不甘的心……不一而足的目标实现，需要用自己的心血、智慧、身体力行去奋斗。所以，不管我们身处哪个行业，从事什么工作，有钱或没钱，当老板或打工，做学术或做商业，只有坚持不懈地奋斗，才能活出自己的精彩、获得成功。

不论是白手起家、纵横商海的巨贾；还是扎根百姓基层、跻身政要的官员；抑或是呕心沥血、凭研发成功的专家……无数发端自微末的成功者们，都在用自己的实际行动、努力奋斗，谱写着一个个感人至深的励志故事。可见，个人的奋斗对成功的实现、梦想的达成，起着决定性的作用。

牛顿、爱因斯坦在科研上取得了伟大的成功，但他们的成功并不是老天赋予的，而是他们将别人用来喝茶聊天的时间，用在科学方面的钻研；盖茨、乔布斯在商业方面取得了令人瞩目的成功，但他们的成功，也同样是依靠他们自身坚持不懈的奋斗得来的。

林峰36年来，本着“干一行、爱一行”的不断奋斗精神，在旅游行业勤勤恳恳不停钻研，由一名普通的导游成长为部门经理、副总，直至总经理，首位获得温州市“高级导游”称号。

1988年，意气风发的林峰以优异的成绩考入中国旅行社温州分社，在赴省中旅进行为期一年的系统培训时，他认真学习，全面了解专业知识，在灯光下通宵达旦学习。

林峰从事导游工作的20世纪80年代，交通还极不便利，他总是温州、上海、北京三地跑。北京游线路要先从温州坐24个小时的船到上海，从上海坐三十多个小时的火车才能抵达北京。遇到春运高峰，很难买到卧铺票，有时候甚至连硬座票都买不到。他觉得身为导游，就应该有不怕吃苦的奋斗精神，他把座票都留给了客人，自己则是无数次站着去北京。

所谓“细微之处见真情”，“一分耕耘一分收获”，能得到客户认可他、支持他、信任他，这跟林峰在奋斗中付出的心血是分不开的。每次行程结束，游客们都对这个新结识的好朋友依依不舍。此后，他们每次出去旅游，都会指定由林峰带团。

由于业绩突出、广受好评，林峰很快由导游晋升成旅行社总部总经理助理、副总经理。多年的基层工作经验带给他的最大收获就是，能细致入微地设计每条线路，会设身处地为游客的需求着想，这正是旅行社服务大众的精髓所在。

做导游的奋斗岁月，给林峰留下了宝贵的精神财富。每年他都会收到百余封热情洋溢的感谢信，几十面鲜红的锦旗。36年间，他也获得了不少的荣誉，先后被评为全国旅游系统先进工作者、浙江省旅游系统先进工作者、温州市劳动模范、温州市统战系统优秀共产党员、温州市首届名师名家等荣誉称号。

如今，温州旅游界人士谈及他，都戏称他为“工作狂”。2011年，林峰担任温州中旅旅游有限责任公司总经理，面对新平台、新起点，他利用当年做导游时的执着与真诚管理公司。每天他都比员工早到单位，手机24小时开机，没有给自己放一天假，随时随地处理公司事务。同时，他也十分重视员工的提升，每年都会给员工提供多次全面的培训机会。

林峰总结自己的成功之道时说：只有尝尽了奋斗的苦，方能收获到幸福的甜。导游工作是普通的，但若想在同行业中脱颖而出，却并非易事，需要自己在学习、工作中不断钻研、奋斗，才能取得不凡成绩。

我们生活在当今，各种事物都不断更新，我们只有保持那份奋斗精神，积极乐观地为成功奋斗，为未来奋斗，为梦想奋斗，这样我们的人生才不会白白流逝。唯有奋斗，方能成功——没有奋斗，就没有成功。

奋斗不仅可以改变个人人生境遇，还能够积极作用于公平正义的社会环境的创造。每个社会成员的奋斗和成功，对于营造更加公平的环境、优良的机制、可靠的社会保障都是大有裨益的，它们反过来又会促进个人取得更大的成功。

奋斗是实现个人梦想的最可靠途径。指望坐享制度的福利过上优越的生活、获得普惠式的成功，无异于空想。我们只有通过学习和创造，不断丰富自己，在奋斗奔跑中做好成功的准备，以最大的诚意与迎面而来的机会深情拥抱，热情的掌声就会全场爆响、个人的成功就将如期达成，梦想的蓝色大门就会豁然开启。

天道酬勤，没有人能随随便便成功。唯有在奋斗中屡败屡战，摔倒了爬起来再战的人，成功终究会在终点迎接自己。我们只有抱着这种信念，为心目中的目标，积极行动起来，努力拼搏奋斗，方能超越平凡，迎接卓越。

《做一个自带光芒的洒脱女人》

书号：ISBN 978-7-5158-2181-8

定价：38.00 元

《送给父母玩的脑动力游戏》

书号：ISBN 978-7-5158-2157-3

定价：38.00 元

《做对三件事，人生不瞎忙》

书号：ISBN 978-7-5158-2130-6

定价：42.00 元

《用心去工作》

书号：ISBN 978-7-5158-2129-0

定价：36.00 元